圖解AI

機器學習和深度學習的技術與原理

圖解 AI｜機器學習和深度學習的技術與原理

作　　者：株式会社アイデミー / 山口達輝 / 松田洋之
譯　　者：衛宮紘
企劃編輯：莊吳行世
文字編輯：江雅鈴
設計裝幀：張寶莉
發 行 人：廖文良

發 行 所：碁峰資訊股份有限公司
地　　址：台北市南港區三重路 66 號 7 樓之 6
電　　話：(02)2788-2408
傳　　真：(02)8192-4433
網　　站：www.gotop.com.tw
書　　號：ACD020500
版　　次：2020 年 10 月初版
　　　　　2024 年 09 月初版十三刷
建議售價：NT$450

國家圖書館出版品預行編目資料

圖解 AI：機器學習和深度學習的技術與原理 / 株式会社アイデミー, 山口達輝, 松田洋之原著；衛宮紘譯. -- 初版. -- 臺北市：碁峰資訊, 2020.10
面；　公分
ISBN 978-986-502-588-5(平裝)
1.機器學習
312.831　　109011368

序

「人工智慧」、「機器學習」、「深度學習」等字眼，日前在媒體就吵得沸沸揚揚。日本經濟產業省公布的試算也指出，2030 年日本需要的 AI 工程師將出現 12 萬人的缺口。在這時代的轉變下，即使非專攻人工智慧的人也必須要懂得活用機器學習。

近年來，出現愈來愈多不需要機器學習資料庫、程式設計的機器學習服務，即便不是這方面的專家，只要準備好資料，利用這類服務也能夠得到相對應的結果。然而，明明不清楚機器學習演算法是如何運行，卻毫無根據地相信跑出來的結果，將其用於重要的商業場景上，不得不說這是相當危險的情況。一般的 IT 工程學會兼顧初學者與熟練者，網羅各種網路文章、專業書籍的解說。然而，在機器學習方面時，網路文章通常給人偏重「容易閱讀」的印象，許多文本相對省略了必要的說明，使人難以扎實地理解機器學習。另一方面，專業書籍的解說大多仰賴數學式，這對於立志成為 AI 工程師的人來說，門檻相當高。

本書採取折衷的做法，不用堆砌數學式進行艱難的解說，而是藉由示例、插圖簡單講解，盡可能正確地表達 AI 工程師必須理解的知識。期望各位能夠透過本書，發掘機器學習的趣味與可能性，進而踏入機器學習的領域中。

山口 達輝

作者介紹

山口 達輝

Aidemy 股份有限公司的工程師。在 Aidemy Premium Plan 中，指導學員基本的機器學習程式設計、機器學習的實作。大學專攻運輸的自動駕駛技術，但在其他學科課程上，偶然從講師的題外話感受到機器學習的可能性，遂轉而成為 AI 工程師。

目前的興趣是人工智慧與腦科學的科技整合。「何謂人心？」打從國中時期便對於這個問題產生了興趣，於是開始大量閱讀關於認知科學的論文。

松田 洋之

Aidemy 股份有限公司的工程師。在 Aidemy Premium Plan 中，協助回答學員的問題、諮詢討論、Aidemy 的教材修正。原為文科出身，因高中時期對三角函數的加法定理感到挫折，儘管大學時曾經選擇文學系（經濟學），但途中轉而攻讀工程學系，成為機器學習工程師。興趣是經濟學與資訊科學的融合領域，前者是討論財產分配的最佳化，後者是討論運算資源的最佳化，由這點認為兩者的差異並不大。另外，因認為機器學習幾乎不會用到積分，而確信即便是文科出身，只要正確學習也能夠開拓通往機器學習工程師的道路。

目錄 Contents

1章
人工智慧的基礎知識

2章
機器學習的基礎知識

3章

機器學習的程序與核心技術

4章 機器學習的演算法

5章 深度學習的基礎知識

6章
深度學習的程序與核心技術

7章
深度學習的演算法

8章
系統開發與開發環境

注意事項：請於購買、利用前詳細閱讀

■ 免責申明

本書記載的內容僅用於提供資訊，其餘的運用方式請根據自身的責任與判斷來進行。對於運用本書資訊的結果，恕本公司及作者不負任何責任。

另外，如未特別聲明，本書內容是根據2019年7月時的資訊所撰寫。相關資訊在您閱讀時可能會有所變動。

請在同意以上注意事項後，再翻閱利用本書。未閱讀此注意事項的相關詢問，恕本公司及作者不進行處理，還請各位讀者諒解。

■ 關於商標、登錄商標

記載於書中的公司名稱、團體名稱、產品名稱、服務名稱等，皆為各公司團體的商標、登錄商標、產品名稱。另外，本書不會明記™標誌、®標誌。

1 章

人工智慧的基礎知識

機器學習、深度學習皆是為發展人工智慧而誕生的手法，想要理解兩者的話，必須先認真瞭解人工智慧。因此，本章會先學習人工智慧的定義，再瞭解機器學習、深度學習應具備什麼樣的功用，來鞏固人工智慧的基礎。

01 何謂人工智慧？

在 1956 年的達特矛斯會議（Dartmouth Conference）上，人工智慧一詞首度被提出。會議中，人們討論了電腦進行智慧資訊處理的議題。經過半世紀以上的現在，我們該如何定義人工智慧呢？

定義模糊的人工智慧

人工智慧（Artificial Intelligence）沒有辦法簡單定義。

首先，「人工」一詞會衍生疑惑：人類和機器的區分基準為何？而「智慧」一詞會產生疑問：憑藉什麼稱為有智慧？我們必須回答這兩個疑問，才有辦法定義人工智慧。

雖然在前線活躍的研究員提出了各種答案，但目前仍舊沒有明確的定義。

因此，我們可先大致定義為「**能夠如同人類進行智慧處理的技術、機器**」，再根據不同的用途來學習相關的術語。

■ 人工智慧的定義

能夠如同人類進行智慧處理的技術、機器？

人工智慧的分類方法

雖然人工智慧難以定義，但存在幾種分類方式。

其中一種分類是，哲學家約翰·希爾勒（John Searle）提出的「**強人工智慧**」和「**弱人工智慧**」，著眼於人工智慧的認知狀態來區分。

強人工智慧是指，以模仿智能本身，獲得如同人類認知狀態的機器，比如，哆啦 A 夢、原子小金剛等漫畫人物。強人工智慧具有壓倒性運算能力，被認為將帶來機器超越人類的技術奇點（Technological Singularity）。

而弱人工智慧是指，以模仿人類（有智慧）的行動，獲得部分人類能力的機器，比如，下將棋、黑白棋的電腦，與後面會詳細介紹的圖像辨識等。雖然這類人工智慧的行為看起來具有智慧，但本身並沒有自我存在的意識。

■ 強人工智慧與弱人工智慧

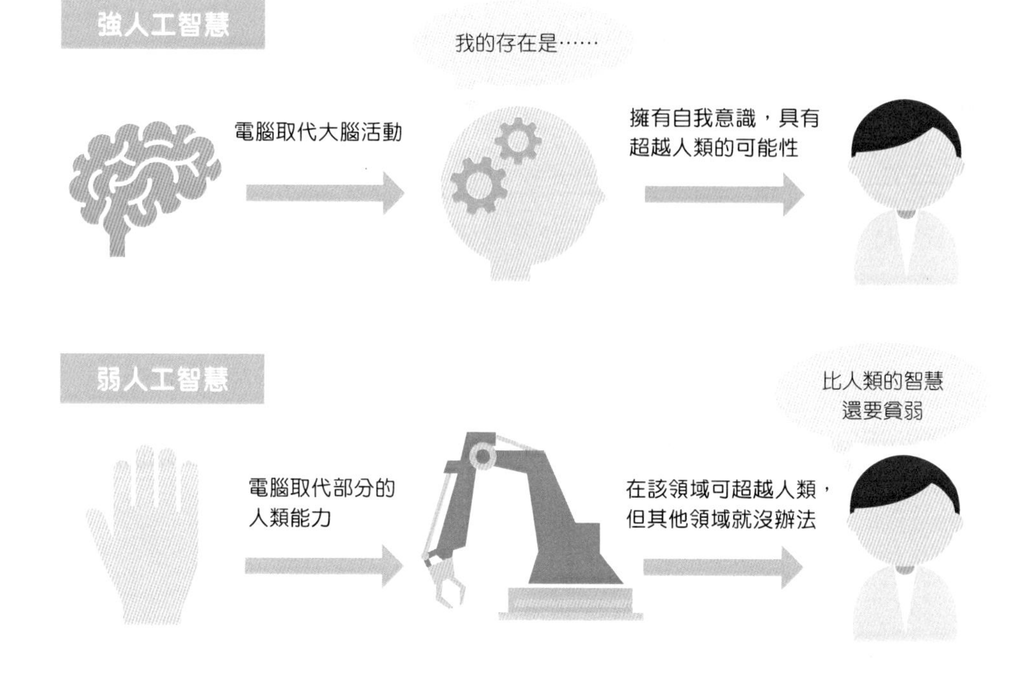

第二種分類是「**通用型人工智慧**」和「**特化型人工智慧**」，著眼於涵蓋的領域來區分。

首先，通用型人工智慧如同其名涵蓋領域廣泛，能夠應對設計時未設想的情況。而特化型人工智慧則是僅在特定狀況、目的下才展現出有智慧的行為。

目前已經實現的人工智慧，幾乎都是專門用於特定任務的特化型人工智慧。iRobot 公司 Roomba 就是專門掃地的特化型人工智慧的代表例子。假如開發成不僅有掃地功能，還能夠幫忙煮飯、照顧孩兒的幫傭機器人，就歸屬於通用型人工智慧。

這種分類並非著眼於智能本身而是涵蓋的領域，有別於「強人工智慧和弱人工智慧」的分類，但兩者的分類結果幾乎可說是相同。

■ 在「家事」領域的通用型人工智慧與特化型人工智慧

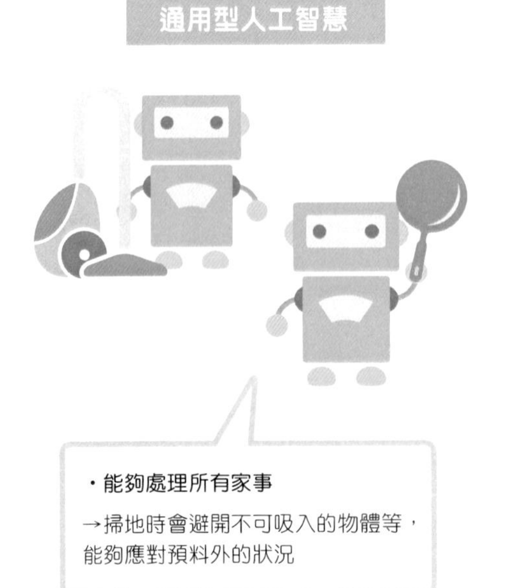

特化型人工智慧

・（比如）僅能夠掃地

→無法應對預料外的狀況，像是勾拉到電源插頭等

第三種分類是著眼於「**人工智慧發展階段**」。最低階段的等級 1 是單純的控制程式，為了增進家電的市場行銷，將控制工程、系統工程的技術稱為人工智慧。等級 2 是傳統的人工智慧，具有較多的輸出入組合，能夠解答比等級 1 更為複雜的問題，但沒辦法處理知識框架外的問題。

等級 3 主要是導入機器學習的人工智慧，其特徵是利用搜尋引擎等，根據資料自行學習規則、知識。然後，等級 4 主要是採取深度學習的人工智慧。機器學習通常得事前組裝如何推導充分表達資料特徵的「特徵量」，但深度學習僅需要讀取資料就能擷取特徵量。關於機器學習、深度學習，會在後面詳細解說。

■ 四個發展階段

總結

- **人工智慧本身難以定義，會根據不同用途來討論。**

02 何謂機器學習（ML）？

機器學習是人工智慧的分類之一，為幫助電腦有效率、有效果學習的理論體系。它只需進行適當的處理，就能根據輸入資料預測數值、最佳化，因此目前已經活用於各式各樣的領域。

人工智慧的關鍵 —— 機器學習

為了讓電腦具有更高水準的辨識能力，必須決定根據什麼基準來運作，而這個基準稱為**參數**。比如，某人工智慧根據身高判斷人類圖像是大人還是小孩，此時的身高就是參數。機器學習能夠根據輸入的資料，自動決定（學習）最為正確的行為，因而被視為人工智慧發展的關鍵。

在機器學習以前，主流是記住全部資料的記憶學習，但這種作法無法解答未知的資料。然而，近年隨著資訊技術的進展，變得能夠低成本獲得、累積名為**大數據**的大量資料。使用大數據反覆訓練後，即便輸入未知的資料也能得到解答。雖說如此，現今的機器學習未必都是利用大數據。

■ 與記憶學習迥異的機器學習

	分數	合格
A	100	○
B	90	○
C	80	○
D	70	×
E	85	?

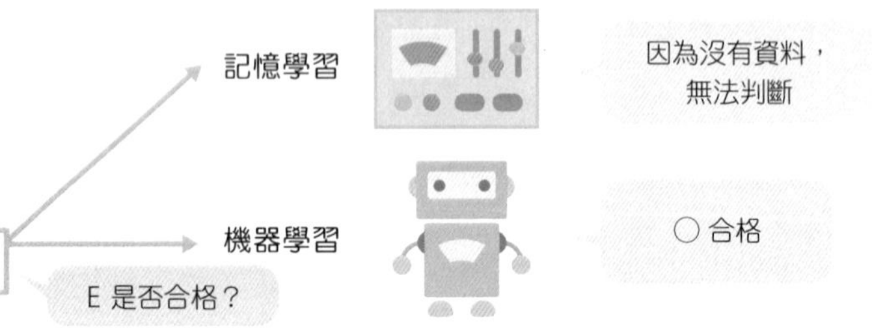

E 是否合格？

記憶學習 → 因為沒有資料，無法判斷

機器學習 → ○ 合格

機器學習的程序

機器學習是電腦接收輸入資料後，使用學習模型輸出運算結果。**學習模型**相當於人工智慧的大腦，輸入某資料後，輸出更為適當的決策資料。

第一道程序是，比較預期的輸出資料（標籤、監督訊號）與學習模型的運算結果，來修正學習模型。經過反覆修正後，保存最終的學習模型，結束學習的處理。另外，學習模型也可單獨稱為「模型」。

根據上述內容來分類手寫數字，準備好大量手寫數字（0～9）的圖像資料，圖像與其表示的數字（正解）兩兩成對。將這些資料輸入學習模型，起初會輸出荒唐的數值，輸入 0 的手寫數字圖像有可能輸出成 1。比較荒唐的數值與正解數字修正學習模型，經過不斷反覆修正，輸出值會逐漸趨近正確的數字。完成學習模型後，讓它讀取手寫數字，利用輸出值進行數字的圖像辨識。

■ 機器學習的圖像辨識過程

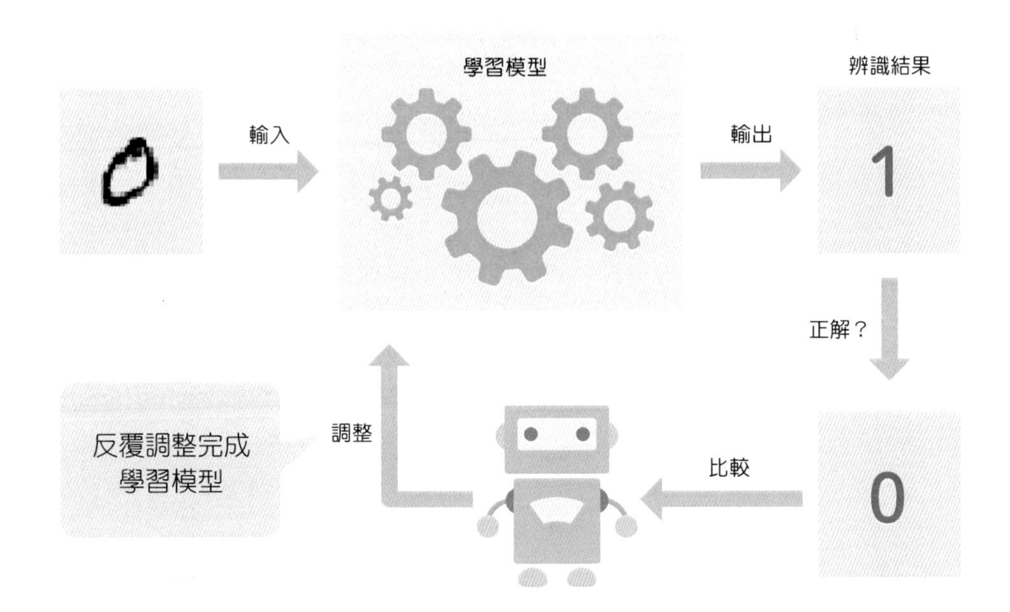

機器學習處理的問題（分類與迴歸）

機器學習的問題可粗略分為**分類**與**迴歸**。首先，分類的目的是找出哪個資料屬於哪個種類，將輸入資料分至不同的群組，無視群組內的細微差異。

另一方面，迴歸的目的是發掘資料的傾向。跟分類相反，將輸入資料當作一個群組來處理，分析群組內的差異。

若在圖表上繪製（寫入）資料，分類是以盡可能區分整個資料來畫線；迴歸是以盡可能重疊整個資料來畫線。以上是相當粗略的整理，但請讀者先這樣理解。

■ 分類與迴歸

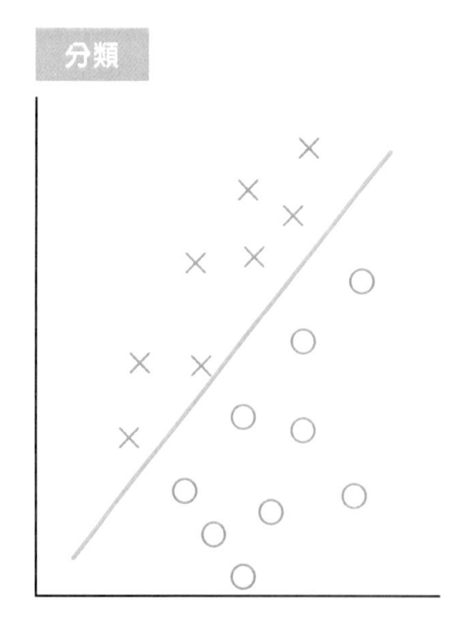

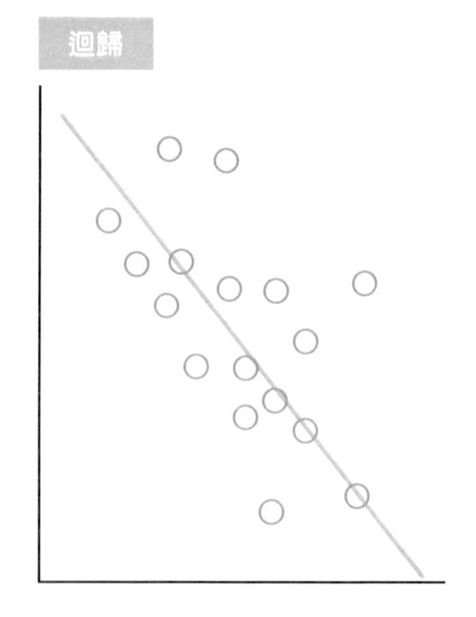

下一頁來舉個具體例子，假設地圖上有 A 店和 B 店兩間連鎖零售店，隨機抽取地圖內的家庭，調查「多久利用一次 A 店或者 B 店」的比率。

在此基礎上，試著進行分類吧！

分類是根據兩間零售店的利用比率，將各個家庭區分為「A 店派的家庭」和「B 店派的家庭」。由下圖左可知，各家庭基本上是光顧離家近的店鋪。為了分類兩種家庭，在地圖上畫出盡可能分離 A 店派和 B 店派的直線。只要參照這條直線，即便是沒有調查的家庭，也容易預測是 A 店派還是 B 店派。

接著進行迴歸，直接在地圖上標示各家庭利用 A 店或者 B 店的比率，如下圖右所示，果然離家近的店鋪利用比率高。迴歸是以畫線來充分反映這個傾向，這個例子可連接 A 店和 B 店，定義 A 店側為「A100%」、B 店側為「A0%（＝ B100%）」。只要觀察接近這條線的什麼地方，即便是沒有調查的家庭，也能夠預測 A 店或 B 店的利用比率。

■ 零售店的分類與迴歸例子

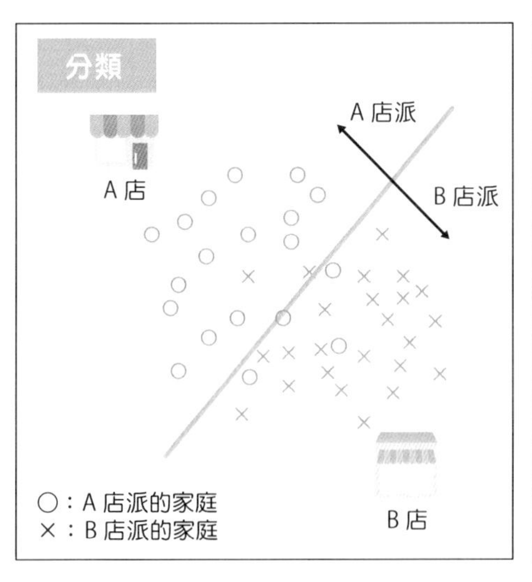

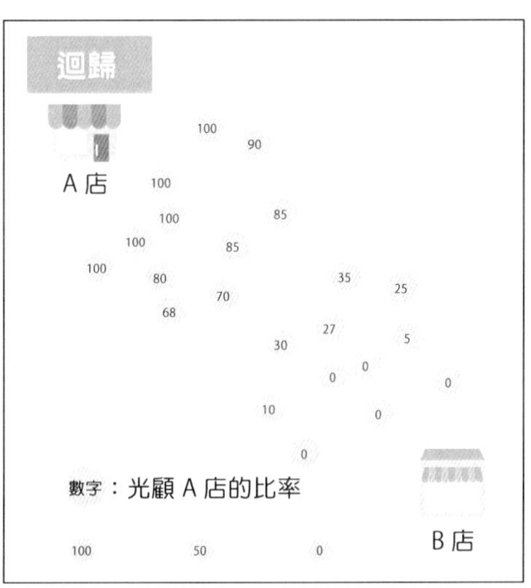

總結

- 機器學習的問題可粗略分為分類、迴歸。

03 何謂深度學習（DL）？

深度學習也是機器學習的一種，但最大的不同點在於，不是由人類加工資料幫助學習模型答出正解，而是學習模型自行擷取「特徵量」來學習。

善於辨識的深度學習

雖然在 Section02 沒有提到，但過往的機器學習有一個很大的缺點，那就是沒辦法突然輸入手邊的資料，必須事前由人類加工資料協助模型進行學習。這邊的加工是指量化表示特徵的強弱（**特徵量**）。比如，若是手寫文字的辨識，則量化圖像的「線條彎曲程度」、「字符輪廓」、「線條連接方式」等；若是聲音的辨識，則量化「聲音高低」、「聲音大小」等。

然而，想要算出模型容易學習的特徵量是非常困難的事情。即便搬出數學式成功算出數值，也不曉得模型能否使用該特徵順利判斷。早期的機器翻譯、導航聲音辨識的成效不佳，就是因為使用這種過往的機器學習。

在這樣的背景下，**深度學習**成為劃時代的技術。所謂的深度學習，是指使用模仿大腦神經迴路的**類神經網路**學習模型的機器學習。由以輸入層與輸出層之間的「**隱藏層**」增加“深度”，而稱為深度學習。隱藏層發揮的功用是「將從輸入層接收的資訊以各種組合方式傳遞下去，最後轉變為有助於輸出層的形式」。

深度學習會稱為劃時代的技術，正是因為能夠**自動擷取最佳特徵量**。以 2011 年在聲音辨識領域，成功大幅提升過往機器學習的準確率為契機，在 2012 年的圖像分類競賽 ILSVRC（IMAGENET Large Scale Visual Recognition Challenge）也成功大幅改善性能，並且在 2015 年，使用深度學習開發的圖像辨識程式，成功將人類誤認率降低至 5%以下，其性能正在加速提升。

特徵量的判別困難

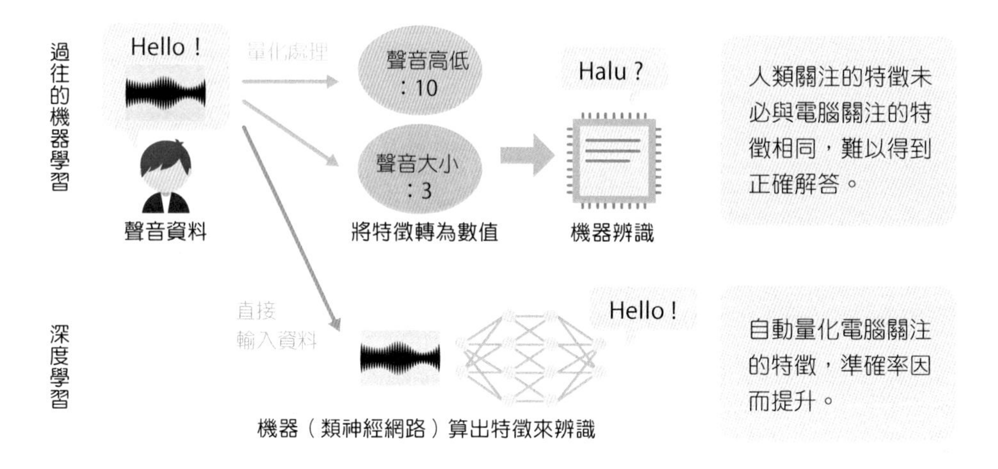

ILSVRC － 2012 圖像分類模型的比較

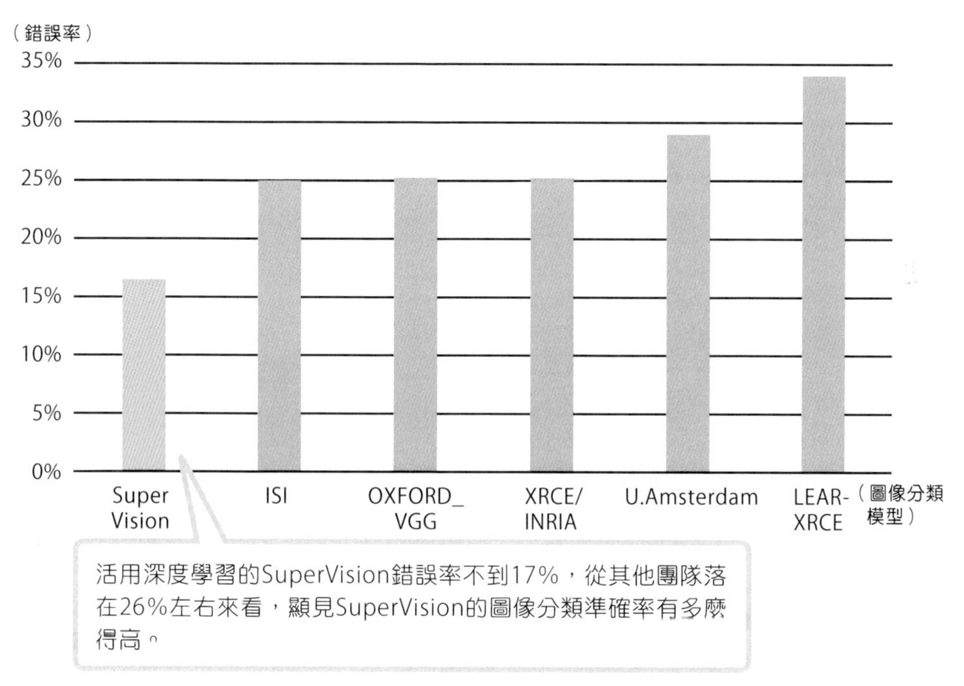

資料來源：http://image-net.org/challenges/LSVRC/2012/ilsvrc2012.pdf

Google 的貓臉辨識與類神經網路

深度學習廣為大眾所知的契機是俗稱「Google 的貓臉辨識」的研究。這項研究是從 YouTube 隨機取得約 1,000 萬張的貓咪、人類圖像，再切割成 200 像素 ×200 像素的圖像當作訓練資料。

使用這個訓練資料進行三天的深度學習後，獲得對貓臉、人臉圖像產生強烈反應的類神經網路。隨著這項研究的進行，人們愈發期待電腦能夠重現嬰兒辨識物體、記憶語言等極其有機的過程。

■ 電腦能夠辨識貓咪

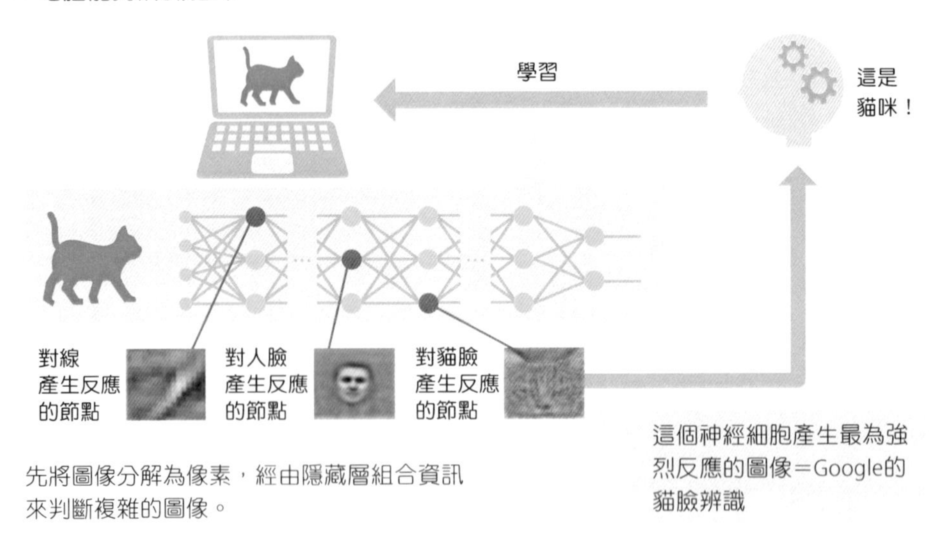

資料來源：https://arxiv.org/pdf/1112.6209.pdf

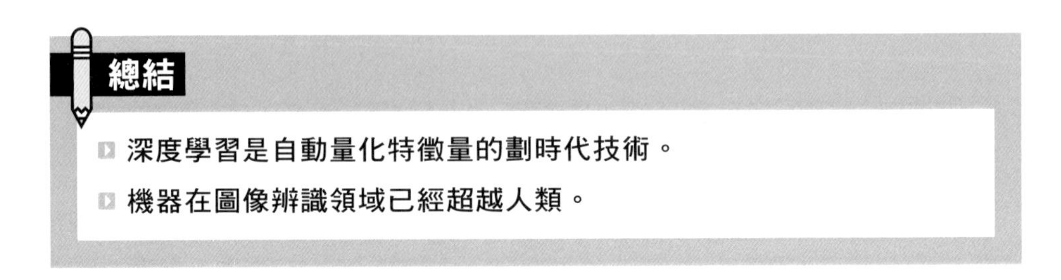

總結

- 深度學習是自動量化特徵量的劃時代技術。
- 機器在圖像辨識領域已經超越人類。

符號主義與連接主義

在首次提出人工智慧概念的達特矛斯會議上，符號主義（Symbolicism）與連接主義（Connectionism）的兩個立場彼此對立。符號主義認為，人類的思考對象全部都可轉為符號（物理符號系統假說：Physical Symbol System Hypothesis），藉由邏輯操作符號能夠重現智能。而連接主義則是認為，藉由模仿人類的大腦架構能夠重現智能。

雖然人工智慧的初期研究是符號主義佔優勢，但在發展的過程中，瞭解到電腦難以連結語言與其表達的概念。換言之，即便對電腦輸入「蘋果是鮮紅的」、「蘋果是甘甜的」等知識，也無法理解「鮮紅的」、「甘甜的」的實際體驗。這稱為符號接地問題（symbol grounding problem）。

另一方面，在初期處於劣勢的連接主義如何呢？後面章節會詳細講解的深度學習，是藉導入類神經網路來實現的技術，但就模仿大腦架構這點來說，屬於連接主義的立場。在近年的研究，以單詞的分散式表達（distributed representations of words）的技術，進行了「國王」－「男」＋「女」＝「女王」的概念間運算。然而，想要機器理解單詞的意義概念，人們認為還需要很長的一段時間。

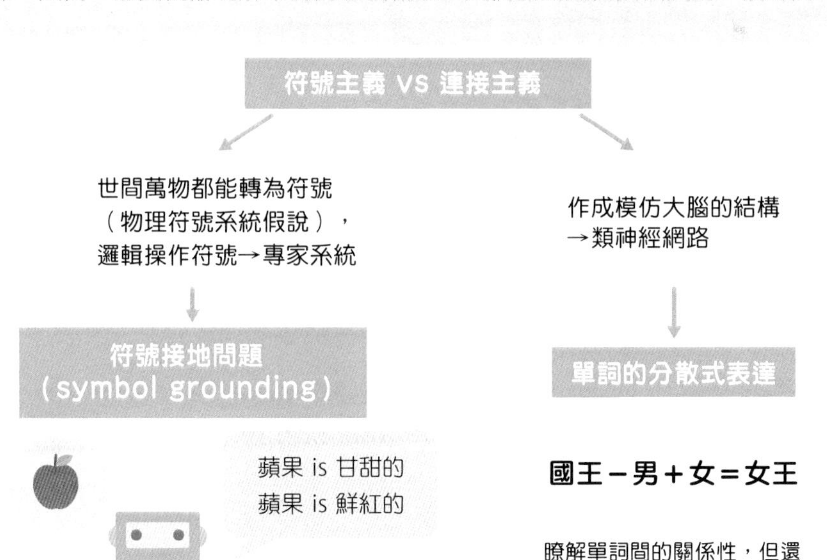

04 人工智慧與機器學習的普及過程

這節會進一步瞭解人工智慧這項技術，學習其跟機器學習的關聯性。已經成為家喻戶曉的這兩個單詞，在歷史上是如何被認識的呢？

已經不再是新穎的單詞？

如前所述，機器學習是人工智慧開發上有用的技術之一，而深度學習是使用“加深”類神經網路模型的機器學習。

隨著軟硬體的普及，人工智慧的相關技術不再被特別意識為「人工智慧」。下圖是關鍵字「人工智慧」、「機器學習」、「深度學習」的 Google 搜尋趨勢圖表，「人工智慧」這個關鍵詞曾經很有人氣，但隨著技術的普及，搜尋熱度逐漸下滑。替代視覺、聽覺、說話等人類部分機能的「弱人工智慧」，被設計成自然融入日常生活當中，變得逐漸不再受到討論，可說是一種必然的結果。

■ Google 搜尋趨勢的動向（2004 年～）

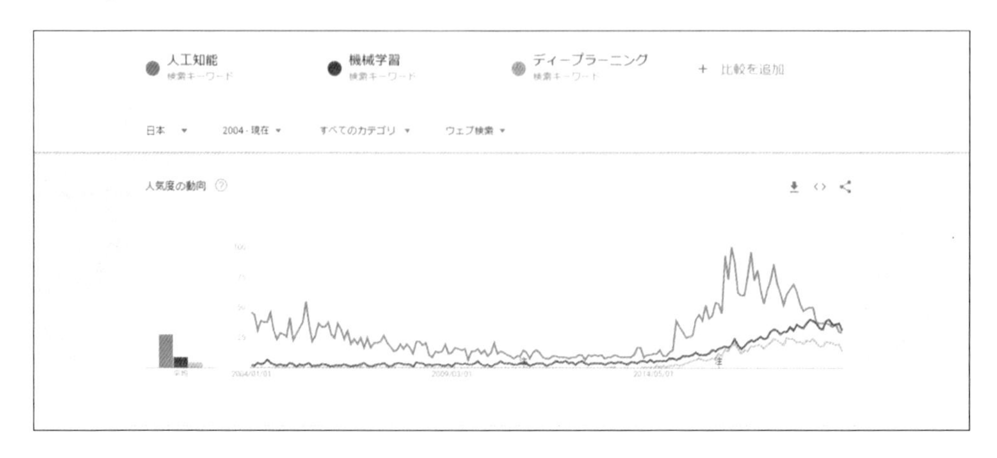

第一次的人工智慧熱潮

我們來回顧兩者在歷史上的發展過程。

最初的人工智慧熱潮發生在 1950 年代到 1960 年代，由於堪稱電腦始祖的通用型電腦的登場，認為藉由將資訊轉為數位的符號，能夠重現人類的大腦運作。這個時期的主要研究對象是，黑白棋、圍棋、將棋等運用少數規則的遊戲，透過邏輯、推論、搜尋，摸索有效戰勝這些遊戲的方法。遊戲的人工智慧可搜尋好幾步後的情況，找出對自己有利的一步，但愈是搜尋可實行的棋步組合，愈會出現爆發性增長，必須在有限的運算時間內進行最大限度的搜尋。結果，根據經驗法則進行有效率的搜尋等，邏輯、推論、搜尋的人工智慧在封閉的世界中獲得一定程度的進展。然而，明顯可知，這種單靠邏輯、推論、搜尋的做法，無法重現解決現實複雜問題的大腦運作。最初的人工智慧熱潮就這樣迎來結束。

■ 第一次人工智慧熱潮

雖然能夠解開遊戲……

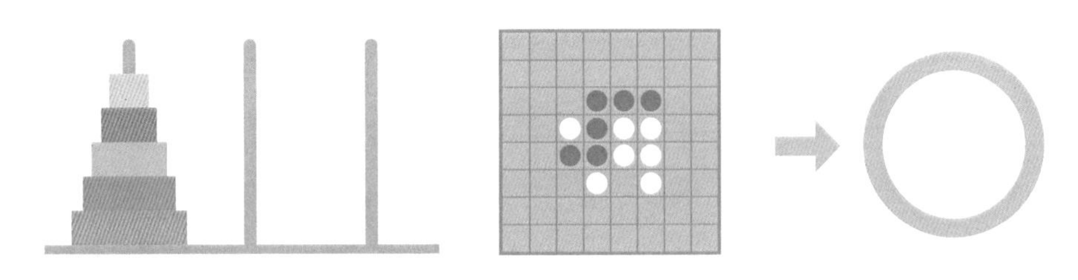

但無法解決規則、概念不明確的現實問題。

第二次人工智慧熱潮

在 1980 年代第二次人工智慧熱潮，認為可透過操作累積的龐大知識，來獲得如同人類般的知識，所以重視知識的輸入。具代表性的例子有**專家系統**（**Expert System**），專家系統是根據事前輸入的專業知識與表達當前情況的資料來推論結果。以醫療領域比喻的話，其存在相當於聽聞患者症狀，根據疾病的相關知識判斷病名的醫生。然而，電腦缺乏一般常識，也不具備自行獲得知識的能力，必須由人類大量灌輸專業知識。給予大量知識後，運算組合會出現爆發性增長，成為阻礙發展的要因。

■ 第二次人工智慧熱潮

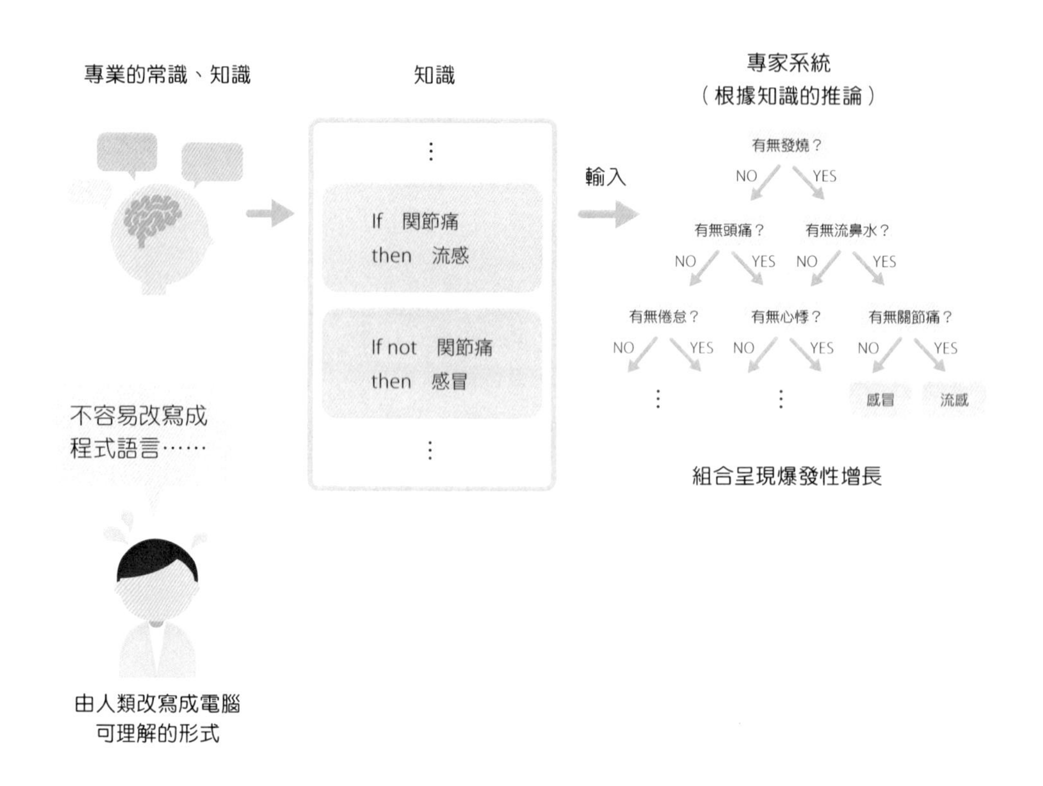

第三次人工智慧熱潮

第二次人工智慧熱潮結束後，被稱為**軟式計算**（soft computing）模仿生命靈活性的計算方法受到注目，類神經網路、模糊邏輯（Fuzzy Logic）、遺傳演算法、增強學習等為其代表例子。同時，運用統計學的機器學習（迴歸分析等）手法也持續發展。從嚴謹的邏輯轉為曖昧且靈活的理論，逐漸萌芽成為現代的人工智慧熱潮。

然後，自 2010 年後半開始，進入以機器學習、深度學習為核心技術的第三次人工智慧熱潮。這股熱潮的背景是，大數據累積、大規模分散運算、雲端運算的長足進步。在過往的人工智慧熱潮，需要將電腦、資料置於手邊來製作人工智慧，但在現代，從保存資料到輸出運算結果的處理，都能夠在Google、Amazon、Microsoft 等提供的雲端上進行。**任誰都能在任意地方進行處理，成為人工智慧普及的契機**。

■ 第三次人工智慧熱潮

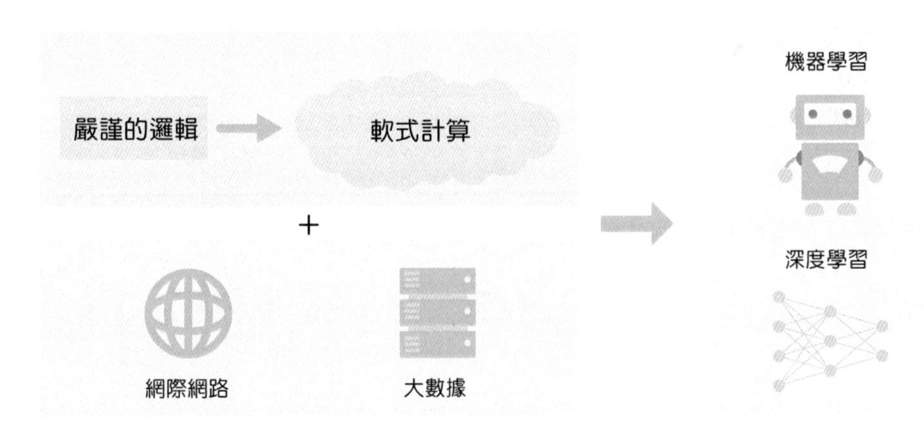

總結

- **現在是第三次的人工智慧熱潮。**

何謂「芝麻信用」？

在運用人工智慧的技術中，特別超前部署的是名為芝麻信用的中國信用評鑑系統。芝麻信用是，營運行動支付服務「支付寶」的螞蟻金服（Ant Financial Group）所開發的系統。根據網路上各種消費、行為數據與金融機關的借貸資料，使用邏輯迴歸、決策樹、隨機森林等後面會介紹的機器學習手法，計算每個人的信用分數。如此計算出來的信用分數，會從行為能力、人脈關係、信用歷史、履約能力、身分特質等五個觀點，評鑑量化成 350 ～ 950 分的總和分數。

芝麻信用分數高的人，能夠不支付保證金從各種場所借到日用品等。比如，外頭下雨卻沒有帶雨傘時，可直接向附近的超市、飯店等借用雨傘。又如，緊急需要智慧手機的行動電源時，芝麻信用高的人可不需要任何擔保（押金）。除此之外，芝麻信用高的使用者在租借腳踏車、汽車、飯店式住宅時，除了不需要擔保之外，還能夠省略繁雜的申請手續，也可簽訂較便宜的行動電話通訊服務。

中國的人工智慧開發，經常因為其敵對西方國家的手法而遭受批判。然而，大膽導入最先進技術的輕盈步伐，可說是日本應該學習的地方。

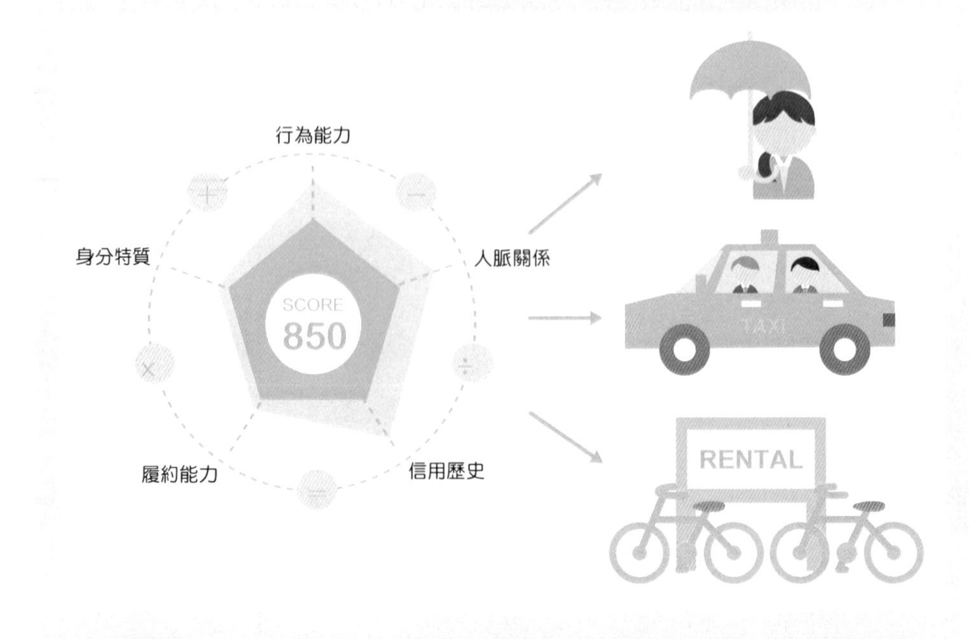

2章

機器學習的基礎知識

本章將會學習人工智慧發展上不可欠缺的機器學習。機器學習中存在哪些手法？應用於何種領域？能夠做到什麼？不能夠做到什麼？瞭解其機能與用途，有助於理解後面章節的演算法。

05 監督式學習的機制

機器學習之一的監督式學習，因實際執行的處理與名稱意象接近，而較為容易理解。如同其名，這是透過資料的標籤發揮監督的功用，由人類教導機器範例的手法。

何謂監督式學習？

監督式學習（supervised learning）是指，使用已有正確解答的資料讓模型學習的方法。這邊所說的模型相當於人工智慧的大腦部分，正解的答案稱為**標籤**；含有解答的資料稱為**附帶標籤的資料**（或者**訓練資料**）。雖然監督式學習是使用附帶標籤的資料進行模型的學習，但最終目標是能夠正確解答未帶標籤的資料（測試資料）。Section02 的機械學習例子屬於監督式學習。

比如，使用監督式學習解決貓狗圖像的分類問題。人類事前對圖像分別標註貓或狗的標籤，模型觀看圖像與標籤的對應關係，學習哪張圖像是貓、哪張圖像是狗。如果最後即便沒有貓狗標籤，也能夠判斷為何種圖像，則代表模型有順利學習。

■ 特徵量的作法

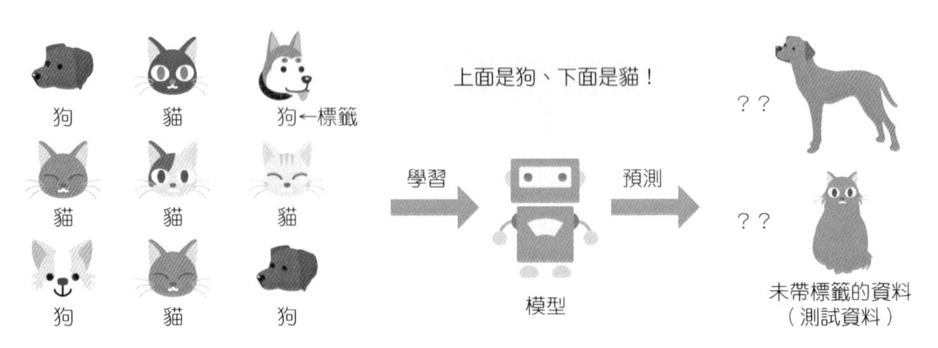

分類與迴歸

監督式學習可分為分類與迴歸兩種類型，分類有時又被稱為「識別」。在 Section02 提到，分類是「以盡可能區分整個資料來畫線」；迴歸是「以盡可能重疊整個資料來畫線」。本小節會以「被預測的數值（答案）為何？」的角度，來解說分類與迴歸的不同。

首先，分類的答案會是「貓／狗」、「小學生／國中生／高中生／大學生」等不同的類別。這邊所說的類別，滿足 ① 不是連續數值（**離散值**）、② 大小、順序沒有意義。然而，即便乍看之下答案是連續的數值，若該數值可視為不同的類別（離散值），則屬於分類識別的問題。比如，推測一位數的手寫數字為何的分類問題，答案會是 0/1/2/3/4/5/6/7/8/9 的其中之一，而不是 0.5、2.1 等沒有意義的答案。再則，辨識圖像時，僅會關注辨識的數字結果是否正確，而不會在意數字的大小關係。因此，答案可視為不同的類別。

另一方面，迴歸的答案會是連續的數值（**連續值**）。討論股價的預測問題時，即便答案是 12345.6 日圓這種不上不下的數值，也具有意義。因此，股價的預測問題會屬於迴歸。

■ 分類與迴歸

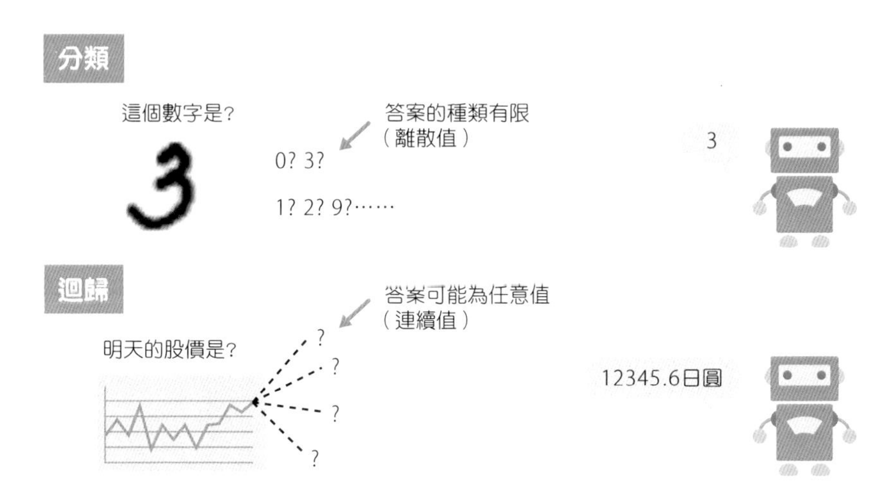

監督式學習的縮小誤差

如開頭所述，監督式學習的最終目標是，正確解答未帶標籤的測試資料。為此，得先讓模型正確解答附帶標籤的訓練資料，也就是減少模型輸出的預測與標籤之間的誤差。在實際的學習中，隨著兩者的誤差接近 0，能夠正確解答的資料數會跟著增加。另外，分類通常會使用交叉熵誤差（Cross-entropy Error）；迴歸通常會使用均方誤差（Mean-square Error）。

■ 監督式學習的縮小誤差

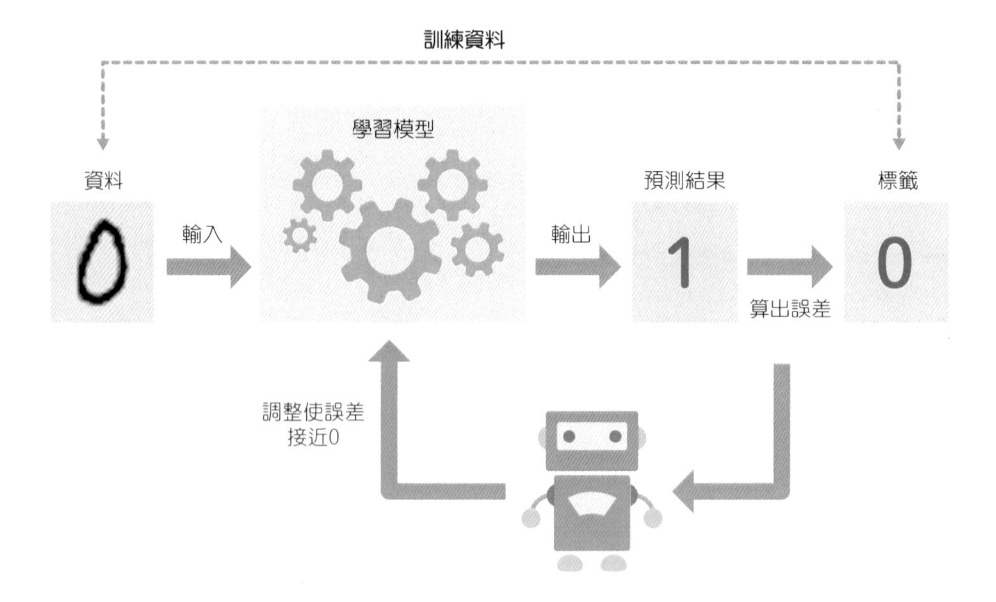

總結

- 監督式學習是指讓模型學習訓練資料的方法。
- 監督式學習的最終目標是正確解答測試資料。
- 監督式學習可分為分類與迴歸。

提升高工程師技能不可欠缺的Kaggle？

Kaggle（https://www.kaggle.com/）是一個集結全世界資料科學家、AI工程師約40萬人的社群平台。特別值得注意的是，它所舉辦的針對企業或政府課題提出最佳模型，支付獎金給予最優秀模型的「競賽」活動。這項活動採用的是監督式學習，參加者能夠下載資料集。一場競賽為期3～6個月，排名會在獨立分數看板即時更新，直接促進參加者的動機。

除此之外，Kaggle還有可在網頁上執行程式碼的「kernel」機能，共享競賽相關的資料解析結果。然後，平台也準備了「discussion」的論壇，即便沒有參與競賽提交模型，也能夠從中獲得足夠的資訊。不過，由於Kaggle是英文的網站，閱讀起來可能會比較花時間。

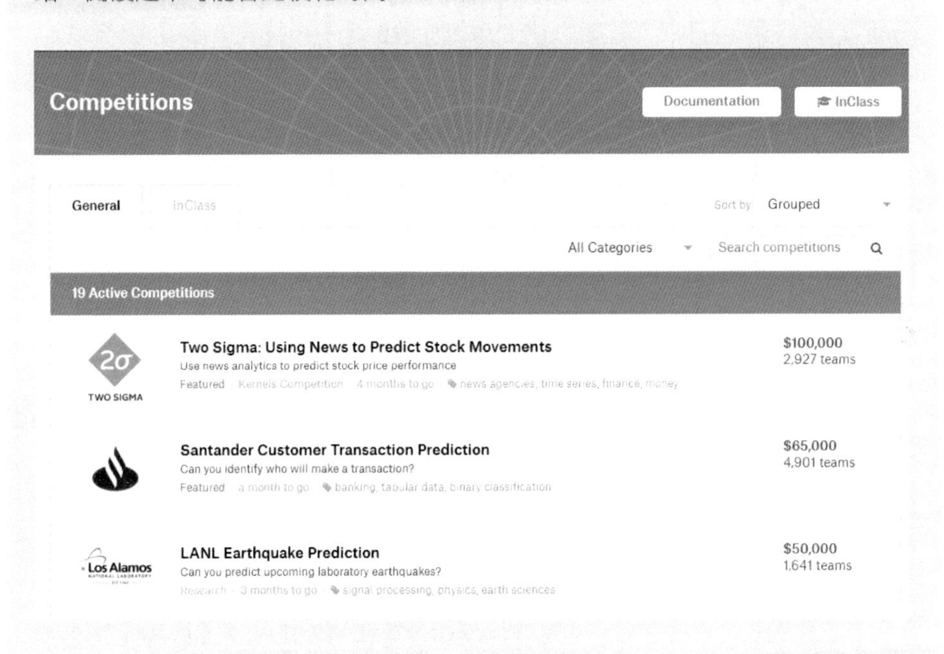

06 非監督式學習的機制

非監督式學習是，透過演算法解析擷取資料結構、法則的機器學習手法。與監督式學習不同，其特徵是學習時沒有人類教導正確解答。

非監督式學習的「捕捉資料的特徵」

非監督式學習（unsupervised learning）是一種機器學習算法，會自動擷取提供資料的基本結構和規則。在監督式學習，人類扮演教師的角色，將分類任務的資料類別名稱、迴歸任務的具體數值等正解資料，連同學習資料一同給予演算法。由像這樣給予正確解答可知，監督式學習的目標是「正確解答未知的資料」。而在這節要解說的非監督式學習則不會準備正解資料，僅會給予演算法學習資料。這種非監督式學習的目標是「捕捉資料的特徵」。

■ 監督式學習與非監督式學習的差異

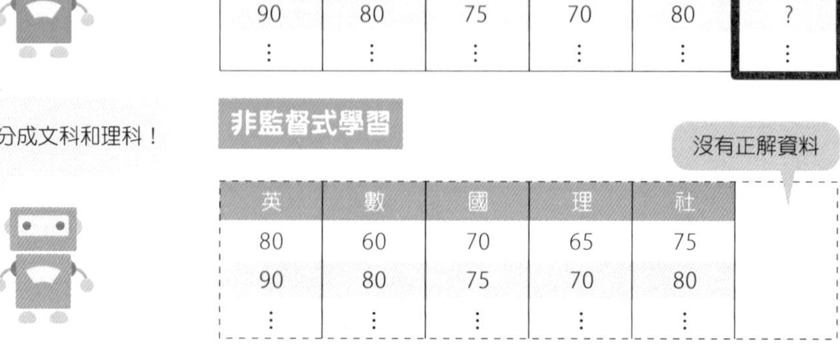

監督式學習

英	數	國	理	社	合格高中的偏差值
80	60	70	65	75	60
90	80	75	70	80	?
⋮	⋮	⋮	⋮	⋮	⋮

非監督式學習

英	數	國	理	社	
80	60	70	65	75	
90	80	75	70	80	
⋮	⋮	⋮	⋮	⋮	

人類在觀看複數物體時，會下意識根據其特徵進行「區分」。比如，當你觀看如下圖排列的蔬果時，即便不曉得蔬果名稱，也不會茫然不知所措。你會嘗試用顏色或者形狀區分，找出能夠巧妙說明該情況的分群方式，然後發現可用顏色來區分蔬果，統整解讀為「這邊有 6 種顏色的蔬果」。非監督式學習的目標就是，以演算法來重現人類「捕捉特徵」的能力。

■ 區分蔬果

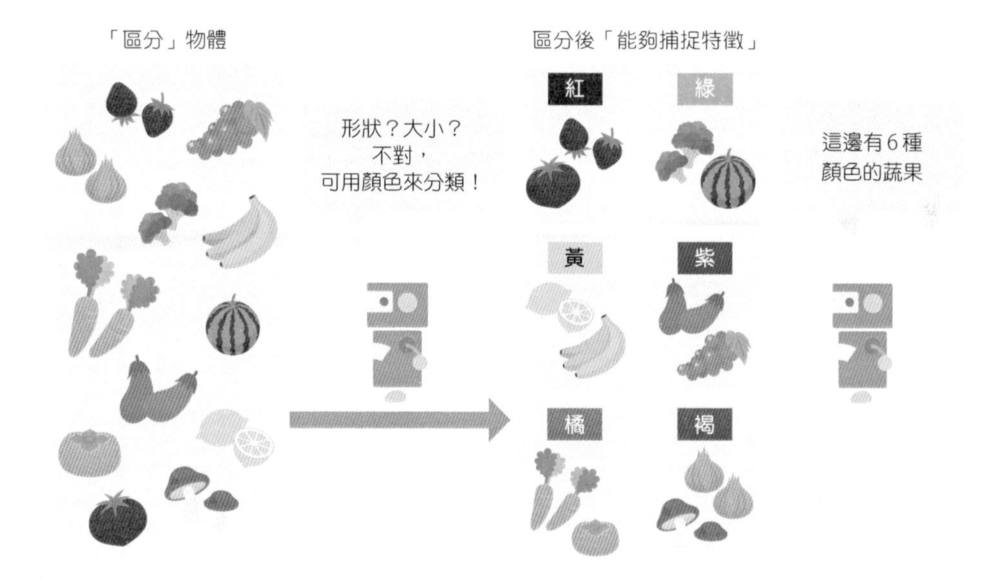

非監督式學習的「集群分析」

非監督式學習的任務中，「**集群分析（clustering）**」是具代表性的例子。集群分析是，從資料中將特徵相似的資料分成不同的群組（集群）。以剛才的例子來說，集群分析相當於以蔬菜或水果的觀點，討論如何做出有效的區分。集群分析可粗略分成「**階層式集群分析**」和「**非階層式集群分析**」兩種。階層式集群分析是指，不斷圈選特徵相似的集群，直到形成一個大集群的分析手法。而非階層式集群分析法則是指，事前決定集群數（下圖為 3 群），以該集群數最佳劃分資料的分析手法。另外，在本書的 Section31，會介紹非階層式集群分析的代表演算法「k 平均（k-mean）法」。

■ 階層式集群分析與非階層式集群分析

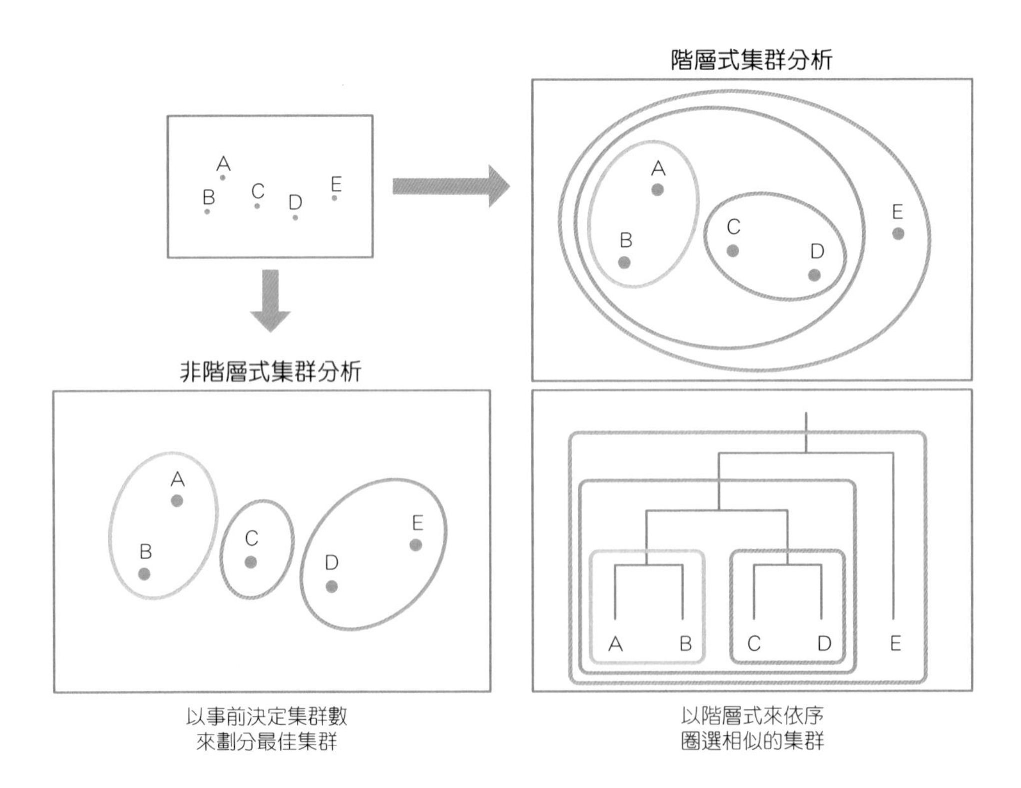

非監督式學習的「維度縮減」

在非監督式學習中，繼集群分析具代表性的任務是「**維度縮減（dimensionality reduction）**」。維度縮減是，僅從資料擷取重要的資訊並消除不太重要資訊的任務。這邊所說的維度是指資料的項目數，比如，某位國中生的資料包含英文、數學、國文、理化、社會成績等 5 個項目，則會是五維度的資料。

關於維度縮減的例子，可舉資料的可視化。為了直觀理解多維度資料，我們必須將資料可視化，降低維度至人類可辨識的三維以下。比如，假設蒐集了許多國中生的五科成績資料，作出橫軸為「數學分數」、縱軸為「國文分數」的二維關係圖後，可由關係圖的形狀推測該資料是由「文科」和「理科」兩集群所構成。然而，最適合當作縱軸的可能是「英文和國文的總分」或者「英文：國文：社會以比例 2：2：1 相加的分數」。在非監督式學習進行維度縮減後，能夠求得簡單表達資料特徵的軸，完成有效資料的可視化。關於維度縮減，會在 Section32 進一步詳細解說。

■ 維度縮減

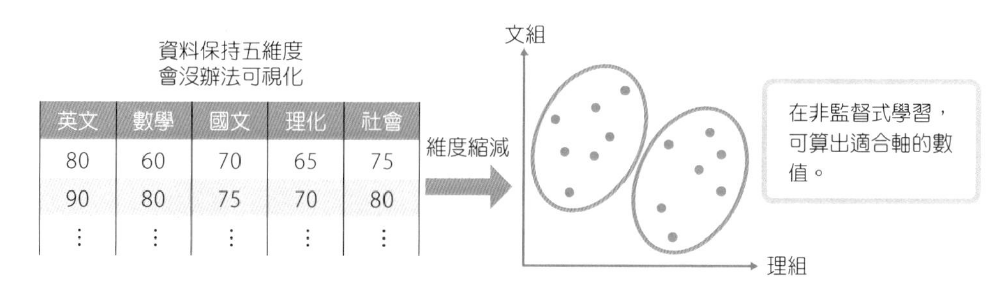

英文	數學	國文	理化	社會
80	60	70	65	75
90	80	75	70	80
⋮	⋮	⋮	⋮	⋮

總結

- **非監督式學習的最終目標是「捕捉資料的特徵」。**
- **非監督式學習能夠進行「集群分析」和「維度縮減」。**

07 增強學習的機制

增強學習是指，在與給定環境的互動中自我反覆嘗試錯誤來最大化成果、學習最佳行為。監督式學習和非監督式學習具有不同的問題設定。

何謂增強學習？

增強學習是指，如同嬰兒一個人自己站起來，以不給予正解地反覆嘗試錯誤來學習最佳行動的方法。監督式學習有明確的表示正確答案，但增強學習不會給予正解，而是以報酬來描述該行動的優劣，促使其採取高報酬的行動。非監督式學習也沒有正解，但性質跟增強學習完全不同，前者是學習資料本身的特徵，後者是學習最佳的行動。

■ 增強學習的機制

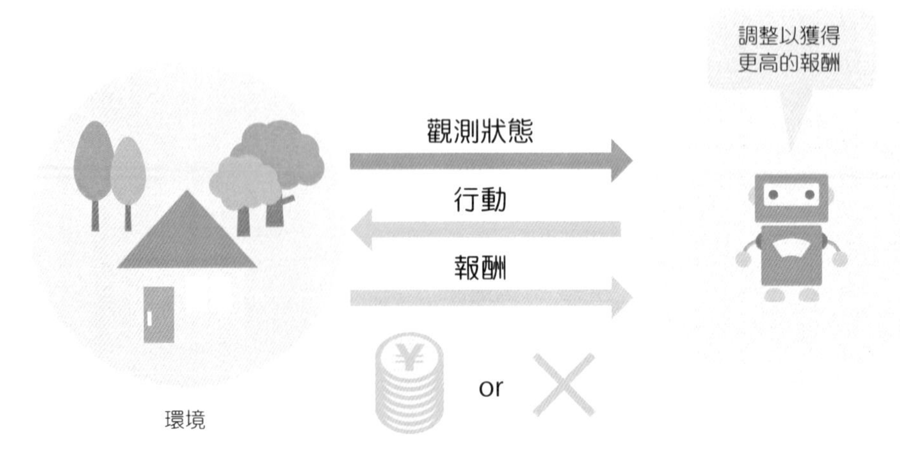

增強學習的定義如前頁所述，下面會以黑白棋為例，介紹增強學習中常用的術語，還請各位讀者好好記住。

■ 增強學習的相關術語

狀態（State）	配置棋子、放置棋子的格子等，相當於「狀態」。
行動（Action）	在哪個格子放置棋子，相當於「行動」。
代理人（Agent）	如黑白棋玩家的行動主體，稱為「代理人」。
報酬（Reward）	行動結果所得到的價值，稱為「報酬」。相當於黑白棋中，該步能夠翻面多少顆對手的棋子。
策略（Policy）	「在什麼樣的狀態時採取什麼樣的行動」，狀態與行動的組合稱為「策略」。
回報（Return）	表示「未來能夠獲得多少報酬？」。
Q 值（Q-Value）	表示「該行動在某狀態下的優劣」的行動價值。除了眼前的報酬，還需要考慮未來可獲得的報酬。
V 值（V-Value）	表示「某狀態的優劣」的狀態價值。除了眼前的報酬，還需要考慮未來可獲得的報酬。
回合（Episode）	如同黑白棋的一場對弈，從開始行動到無法行動為止的一連串互動稱為回合。

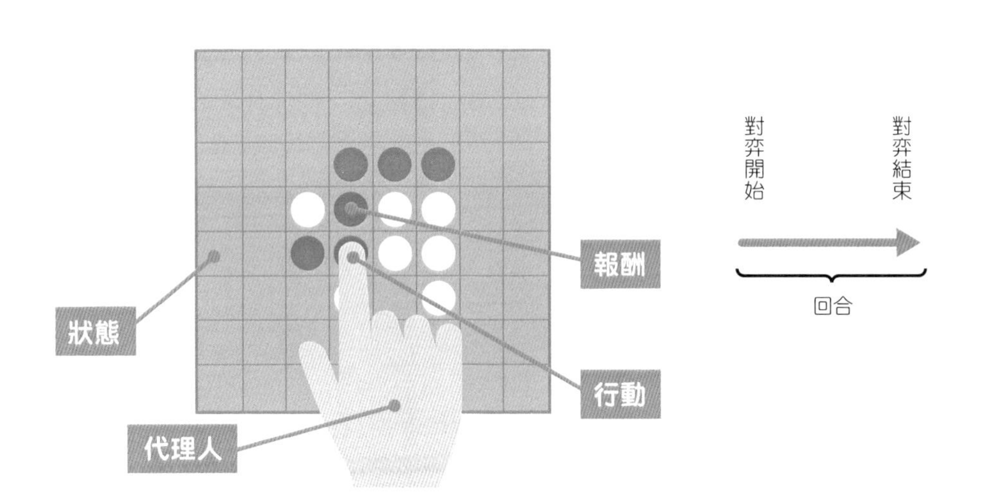

總結

▶ 增強學習的目標是獲得更多的報酬。

08 統計與機器學習的差異

統計跟機器學習一樣，是需要處理大量資料的領域。兩者在原理上有許多共通點，但在應用上的思維卻不相同，難以明確區分。這節會從「工具」的角度來整理兩者的差異。

統計與機器學習的推導資訊不同

在世上，從某都市的氣溫、企業的股價到個人的整年體重增減，存在各式各樣的資料。對於這些資料，統計會告訴我們「**為什麼會出現這樣的資料**」，而機器學習會告訴我們「**這些資料接下來會如何變化**」。不過，需要注意的是，兩者嚴謹來講是難以劃分的，這樣整理到底只是為了幫助理解其意象的不同。

在此基礎上，為了深入理解統計，下面以身高分布（身高的分散情況）為例來討論。在日本文部科學省的官網，每年會公布就學兒童及學生身高的學校健診資料。下圖的長條圖（柱狀圖）是健診資料之一的 17 歲（高中三年級生）身高資料。

■ 身高的長條圖

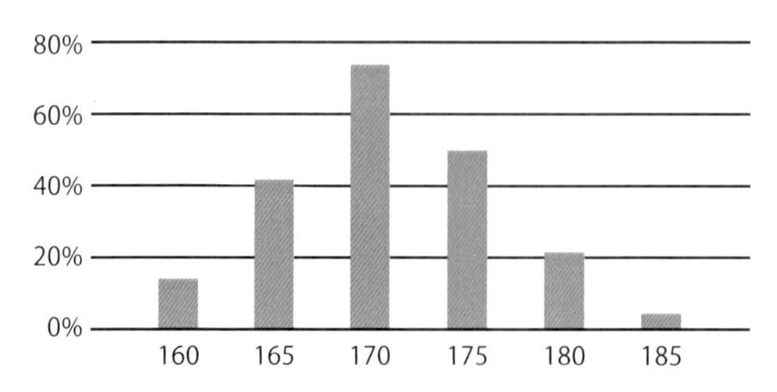

這是平均數 170.6 公分、標準差（資料的分散程度）5.87 公分的常態分布。

資料來源：「學校保健統計調查 學校保健統計調查－結果的概要（平成 30 年度）」
（http://www.mext.go.jp/component/b_menu/other/__icsFiles/afieldfile/2019/03/25/1411703_03.pdf）

現在，假設你被要求「請解讀日本高中三年級生的身高」，卻一一羅列：「160 公分的人有 14%…」會如何呢？過程不但耗費時間，而且還容易出錯。遇到這種情況，使用統計模型來説明，就能夠簡潔且正確地傳達訊息。

雖然這邊不會詳細討論，但包含剛才的身高分布在內，許多自然界的數值分布（分散）都能夠套用「常態分布」的統計模型。常態分布的特徵是數目在平均值附近最多、愈遠離平均值數目愈少，呈現左右對稱的形狀。開頭的説明在使用常態分布的模型後，可解讀為「這是平均值 170.6 公分、標準差（資料的分散程度）5.87 公分的常態分布」。如同上述，統計可説是使用現有的模型巧妙「**解讀資料**」的領域。

另一方面，機器統計是著墨「**預測資料**」的領域。同樣舉身高的例子，當被要求「請推測 2050 年日本高中三年級生的平均身高」時，應該沒有人能夠立即想出推測平均身高推移的模型。此時，我們會將身高推移的資料當作輸入，利用 Section05 的迴歸來推測。

■ 機器學習能夠預測資料

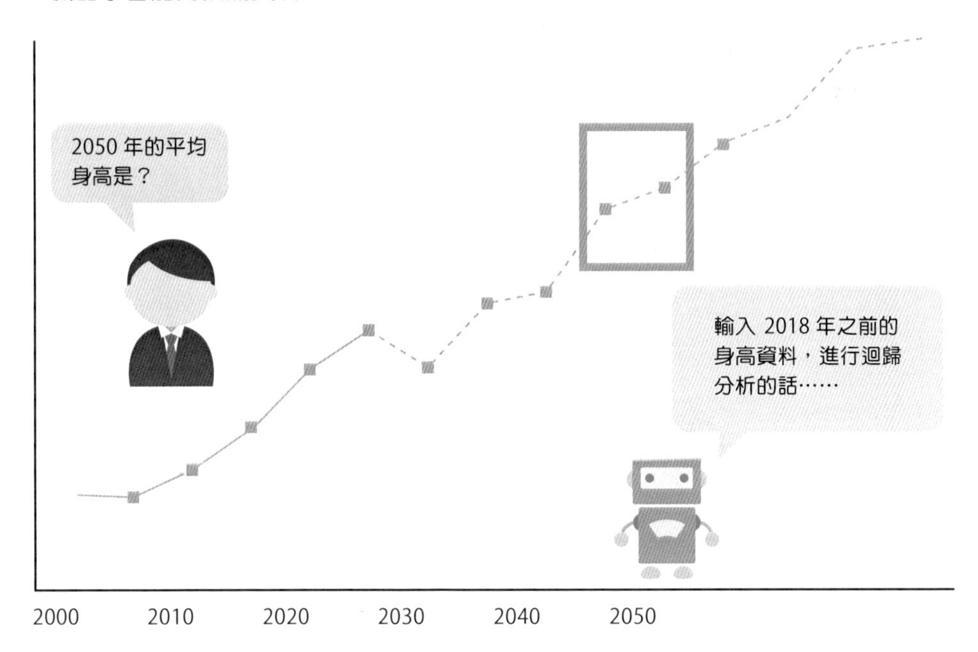

統計與機器學習的用法

關於統計與機器學習的用法，我們再更詳盡地說明。

使用統計時，需要確實檢討蒐集的資料是否適用於常態分布等模型。

決策是運用這種統計的領域。這是因為人類在做決策時，會將行動產生的現象套用於模型，當作可靠的統計根據，然而，所有決策都是根據這個基礎而建立的。

「**想要知道為何這麼推測的理由**」時，不妨利用統計來解讀。

使用統計瞭解推測的根據

例）政策決定

決策的背後牽扯複數因素，且難以將議論可視化如「為什麼得到這樣的結論？」時，不妨使用統計來討論。

能夠避免「因為是年長者的意見」等不合理性

而機器學習是先將蒐集的資料輸入模型，再驗證學習後的推測性能。根據驗證的結果檢討性能是否充足，或實際利用時是否會有問題。如果判斷還存在問題，則再調整模型進行檢討，直到獲得結果令人滿意的模型。

適合這種機器學習的領域，可舉商店的經營為例。在經營上，預測「現在什麼東西暢銷？」是非常重要的事情。換言之，機器學習不像統計那麼重視「為何現在熱銷這種商品？」，而是透過檢討模型追求更好的性能，來預測**「現在什麼東西暢銷？」**。

使用機器學習瞭解推測的性能

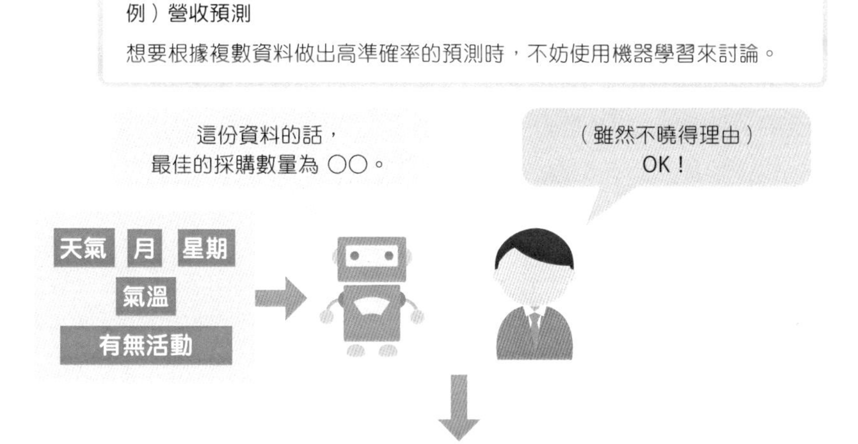

目的終究只是預測營收等具體的數值，其中的理由並不重要

總結

- 「解讀資料」使用統計。
- 「預測資料」使用機器學習。

09 機器學習與特徵量

這節會再稍微深入瞭解機器學習是什麼樣的概念，討論讓機器擁有智慧有何意義，並且在此基礎上解說極為重要的概念 —— 特徵量。

機器擁有智慧的意義

機器擁有智慧表示能夠「分辨」事物，比如，今天冰淇淋會不會熱銷？某物體是不是蘋果？某事業能不能獲得利益？

如 Section04 所述，人工智慧藉由模式搜尋、知識累積，才得以實現「分辨」的機能，但兩者都會因為情況變多等問題，變得不順利。

機器學習是指，為了實現「分辨」的能力而導入新的方法「統計思維」來取代過往的「演繹思維」，試圖展現有智慧的人工智慧。這邊所說的「演繹思維」是指，根據「A 是 B」的思考方式；而「統計思維」是指，根據「A 有很高的機率是 B」的思考方式。

■ 演繹思維與統計思維

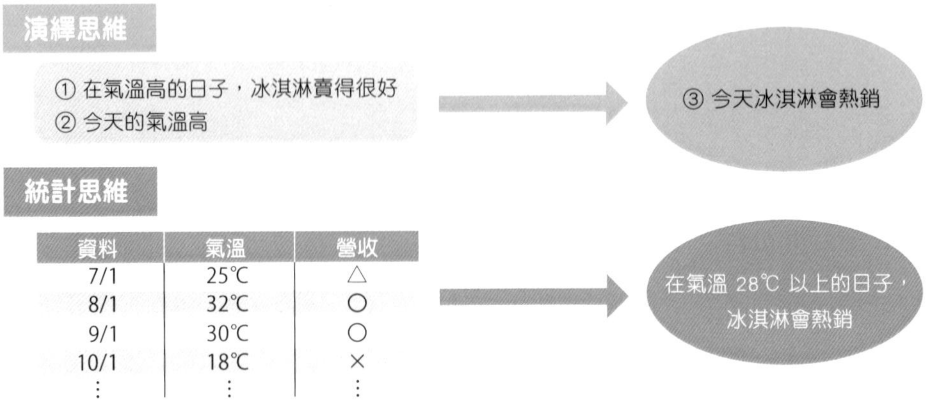

演繹思維

① 在氣溫高的日子，冰淇淋賣得很好
② 今天的氣溫高

→ ③ 今天冰淇淋會熱銷

統計思維

資料	氣溫	營收
7/1	25℃	△
8/1	32℃	○
9/1	30℃	○
10/1	18℃	×
⋮	⋮	⋮

→ 在氣溫 28℃ 以上的日子，冰淇淋會熱銷

統計，必須有能夠統計處理的資料才得以成立。雖然過去就有對統計思維進行研究，但如今機器學習能夠風靡一世，正是因為隨著電腦、網際網路的普及，而變得能夠輕易取得大量資料與處理資料的運算資源。

機器學習可透過統計思維獲得高度的智慧，但仍舊存在弱點——必須仰賴資料的讀取才得以完成學習。

在分辨事物時，人類會根據外觀、氣味、觸感等資訊來判斷；而機器學習是將資訊讀取成水果的顏色濃淡深淺、氣味成分的含量等「**特徵量**」。決定讀取哪些特徵量是人類的工作——**特徵量設計**，但決定使用哪些特徵量，其實深受演算法性能所影響。比如，分辨蘋果和洋梨的特徵量中，「鮮紅程度」、「甘甜程度」就是不錯的特徵量，但「圓滾程度」、「表面光滑程度」似乎並沒有什麼差別。

■ 良好的特徵量

	鮮紅	甘甜	圓滾	光滑
蘋果 1	0.9	0.6	0.91	0.1
蘋果 2	0.95	0.55	0.92	0.2
蘋果 3	0.92	0.59	0.89	0.1
洋梨 1	0.21	0.8	0.88	0.2
洋梨 2	0.17	0.9	0.9	0.1
洋梨 3	0.2	0.95	0.95	0.2

特徵量有明顯的差異

良好的特徵量

特徵量沒有明顯的差異

不好的特徵量

與特徵量相關的瓶頸

前面的例子還算是人類容易找出特徵量的問題，但現實中大多是人類難以找出特徵量的問題。雖然輸入適當的特徵量也能夠進行學習，但想要提升演算法的性能，就得重視「**輸入什麼樣的特徵量？**」。而且，特徵量設計必須由人類來完成，這是機器學習在發展上會遇到的瓶頸。

深度學習會被認為是決定性的新做法，就是因為在進行特徵量設計時，演算法能夠**自動擷取**應該從資料抽出哪些特徵量，大幅顛覆了模式搜尋、知識累積、特徵量設計等過往資料輸入的常識。

關於深度學習處理資料的機制，會在 Section34 詳細講解。這邊請先記住，在提升推測性能上，現階段仍舊殘留與特徵量相關的瓶頸，而深度學習可能是解決該瓶頸的線索。

■ 人類難以決定「該以什麼為特徵量？」

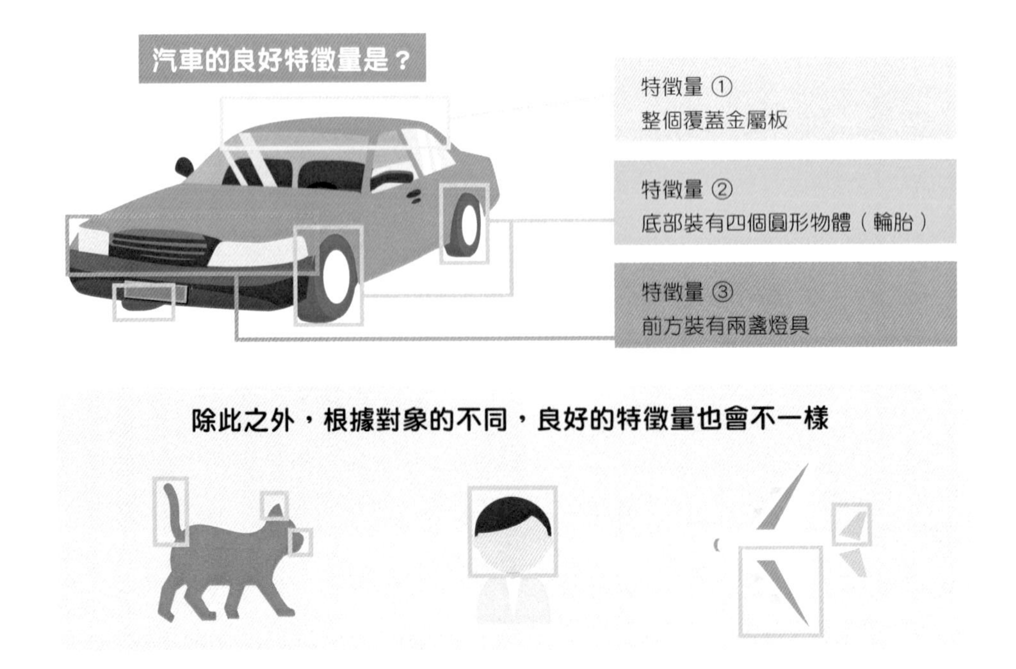

前面學習了人類為了實現人工智慧而反覆試驗的歷史，以及圍繞著特徵量的困難，在下面重新整理一下：

■ 機器學習的歷史

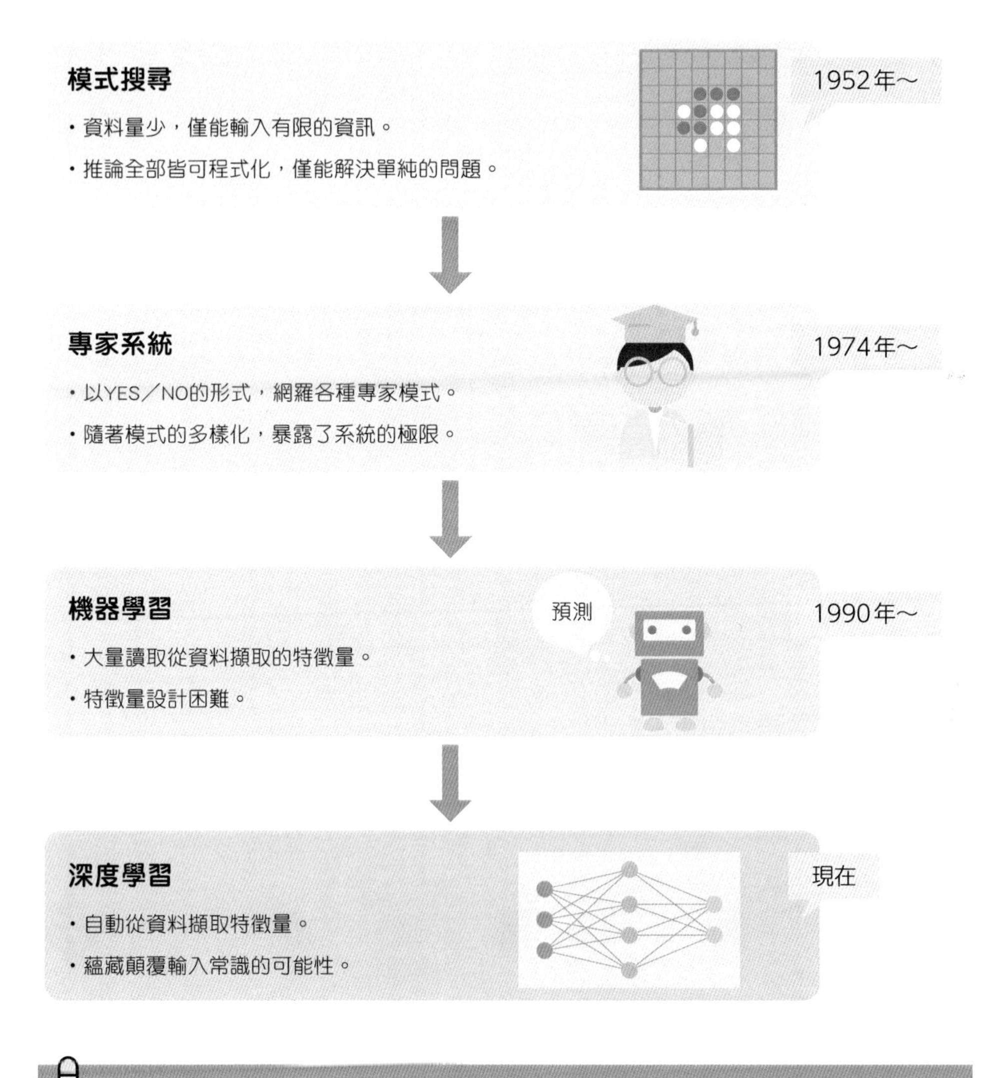

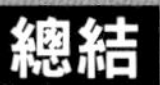

總結

- 人類難以設定特徵量。
- 深度學習有可能解決這項難題。

10 擅長與不擅長的領域

機器學習也有擅長與不擅長的領域。在考慮是否將人工智慧導入事業中，或者討論「哪些職業會被人工智慧取代」等議題時，事前瞭解機器學習的優缺點，許多時候能夠帶來幫助。

人工智慧擅長與不擅長的領域

想要瞭解人工智慧的長短處，有四個需要注意的重點：① 是否有過去的資料？② 資料是否充足？③ 資料是否能夠量化？④ 是否可忽略推論過程？我們先確認下圖的一覽表，分別理解各重點的意義。

■ 應該關注的重點

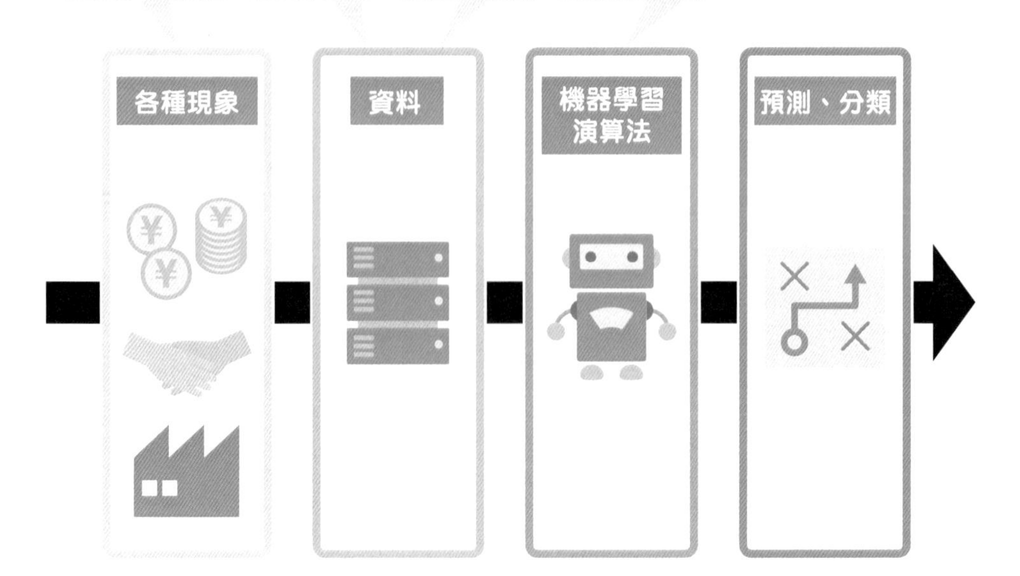

① 是否有過去的資料？

如前所述，機器學習是藉由學習過去的資料來分類、預測未知資料的演算法。因此，對於過去沒有發生的現象、無資料累積的事物，沒有辦法進行分類、預測。

舉例來說，某企業可在已有資料的「**當前營運的效率化與改善**」，讓機器學習充分發揮效能。然而，對於「**發展新事業時的營收預測**」等問題，因缺乏「發展新事業的營收記錄」當作學習資料，而難以利用機器學習。

■ 僅在有資料的情況下，機器學習才擅長預測

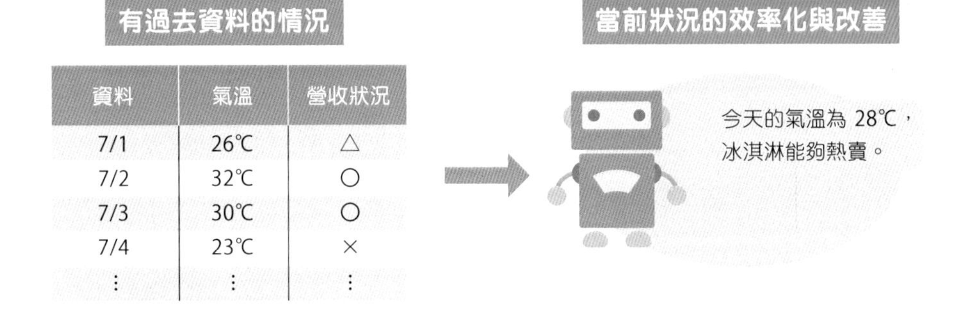

資料	氣溫	營收狀況
7/1	26℃	△
7/2	32℃	○
7/3	30℃	○
7/4	23℃	×
⋮	⋮	⋮

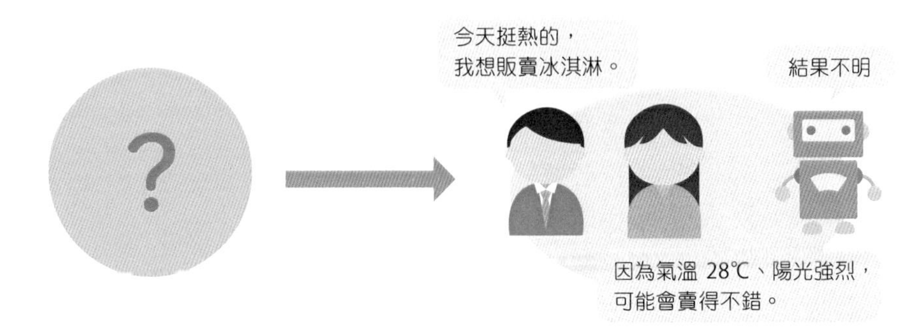

② 資料是否充足？

在機器學習上，有時單純僅「有」資料是不夠的，還需要重視資料「**是否充足？**」。

資料是否充足，會因處理問題的難易度、測試資料的品質而異。尤其，在需要輸入龐大數據的圖像資料分類等，據說各類別（分類對象）需要數千到數萬單位的資料。

近年來，若是網路上的資訊，想要確保大量的資料是相對簡單的。另外，遊戲等能夠反覆嘗試的問題，因為容易確保資料量，所以可說是機器學習擅長的領域。

另一方面，在資料需要離線取得的領域，或者本來就是罕見現象的領域，資料量的不足可能成為學習的瓶頸。

■ 是否能夠簡單獲得充足的資料？

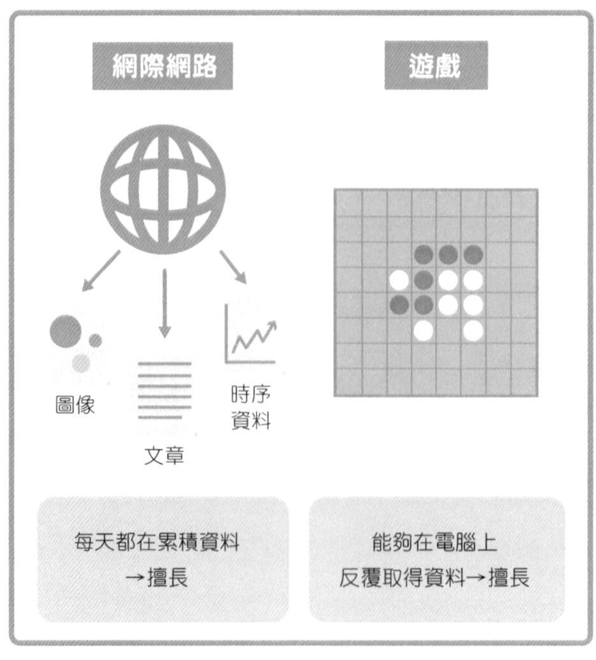

③ 資料是否能夠量化？

一般來說，輸出入機器學習的資料必須是數值。因此，對於無法以數值表示的定性資料（與性質相關的資料），必須**轉為定量資料**才能套用機器學習。比如，想用機器學習解決「提升某服務的顧客滿意度」的課題時，得將輸出「提升顧客滿意度」的定性表達，轉為「顧客滿意度調查的數值為〇〇以上」的定量表達。因此，對於「根據顧客資料決定今後事業的方向性」等難以轉為定性、定量的資料，機器學習就不擅長解決這類困難的課題。

評論的定量化

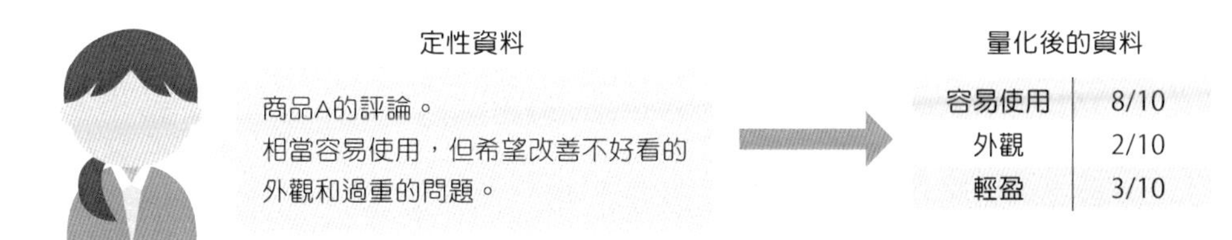

④ 是否可忽略推論過程？

這個重點在 Section09 也有提過，機器學習是模型自動最佳化（學習），使輸入學習資料時的輸出接近正解數值的演算法（監督式學習）。換言之，推論過程未必會如同人類的思考，許多時候難以瞭解推論過程的根據。因此，假設以機器學習診斷疾病，可能得到「你很有可能罹患〇〇的疾病，但並不曉得是根據什麼」的結論。想當然爾，病患沒有辦法認同這樣的診斷。如同上述，在必須注重推論根據的領域，難以僅由機器學習做出結論。但是，近年針對此問題，正在研究如何可視化機器學習的推論根據，或許將來能夠有效地活用。

總結

- **根據資料量、推論目的，判斷機器學習擅長的領域。**

11 機器學習的運用範例

前面從各種觀點學習了機器學習的知識。在本章的最後，我們來看機器學習當前的運用範例。

駕駛×機器學習

關於機器學習的運用範例，首先可舉**自動駕駛**的例子。根據統計，人每天的駕車平均時間多達 1 個小時，相對地，自動駕駛能夠帶來巨大的恩惠。

自動駕駛是由三個要素所構成：以攝影機、感測器取得周圍資料的「認知」；根據該資料決定下個動作的「判斷」；用來執行該動作的動力傳動、轉向控制等「操作」。機器學習需要這三個要素積極發揮作用。自駕領域技術龍頭的德國奧迪（AUDI）和賓士（Mercedes-Benz）、美國的特斯拉（Tesla）等車廠，目標在 2020 年初達成自駕等級 4（在限定區域內完全自動駕駛）。

■ 實裝於自動駕駛的機器學習

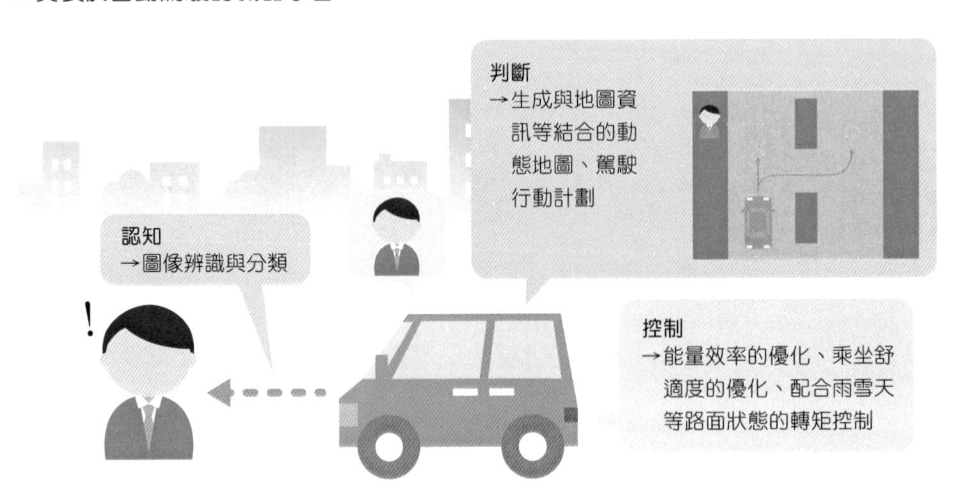

◎ 交通管制×機器學習

在交通管制的領域，機器學習也能發揮巨大的功效。根據道路上交通量感測器蒐集的資料，預測最佳化各車輛抵達目的地的移動時間、惰轉時間等的交通流量，即時優化號誌變換的時機來疏通塞車的系統。在美國匹茲堡市街進行的實驗，該系統減少了多達25%的移動時間、40%以上的惰轉時間。

■ 運用於交通管制的機器學習

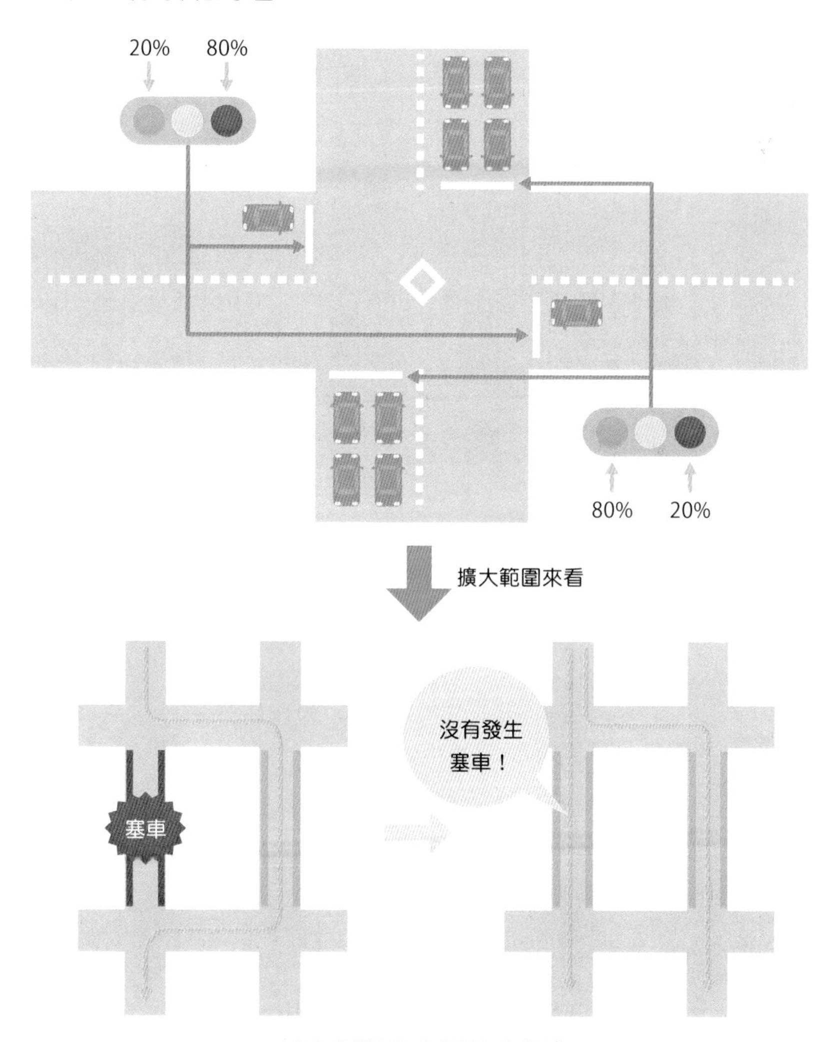

都市規模的交通效率優化

金融×機器學習

由於金融領域通常是經營無形的商品，在相對較早的階段就邁入 IT 化。當然，金融與機器學習的親和性高，已經導入各種場景應用。

其中一個例子是即時交易，現今 90%的金融商品是由系統即時交易，輸入過去的價格走勢圖、投資人採用的技術指標等進行學習，藉此預測未來的價格推移、選擇最佳的買賣時機。此外，近年也嘗試輸入品牌新聞、社群平台動向等的大數據，摸索進一步提升預測準確率的手法。

■ 金融領域的大數據

	形式	資料
結構化資料	數值表格	經濟指標、 企業業績與財務狀況、 市場資訊
非結構化資料	文本 聲音 圖像	經濟報告、 企業業績與財務狀況報告、 新聞、社群平台

資產運用×機器學習

資產運用也開始利用機器學習，代表例子從有限的資產選購並持有各種金融商品的比例（投資組合）。

Kensho 公司的「Warren」會從世界各地發生的事件、各種品牌的價格資料庫，瞬間算出哪個事件會對哪個品牌造成什麼樣的影響等相關關係。因此，對於「原油價格下跌○○%時，會對品牌○○造成什麼影響？」的走勢諮詢，能夠立即給予答覆。

資產投資組合的選擇

資產投資組合

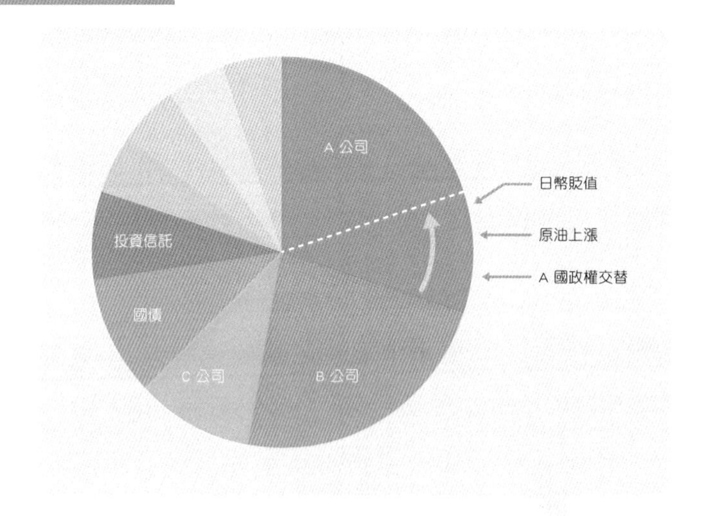

原油價格下跌 ○% 時，
品牌 A 會下跌 ○%。

市場行銷×機器學習

推薦引擎（recommend）是市場行銷的手法之一。推薦引擎是指向顧客建議商品、服務的機能。機器學習的推薦引擎是輸入顧客性別、年齡層等屬性以及過去的購買記錄，來讓演算法進行學習，進而推測商品間的相似度、顧客的集群分類。在 Amazon、YouTube 等各種網路服務廣為普及的今日，這可說是最貼近人們的機器學習演算法之一。

■ 推薦機能的機器學習

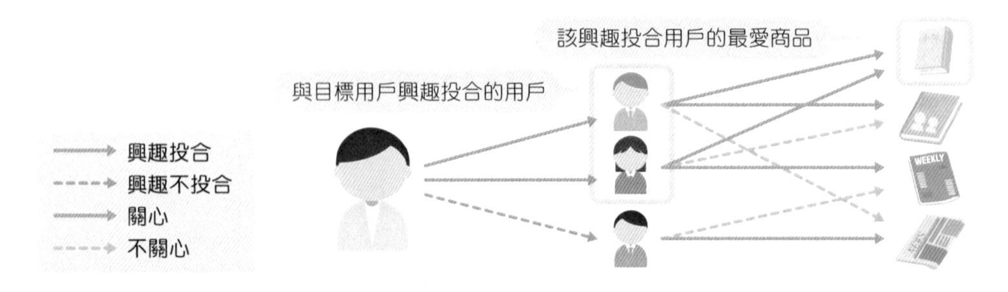

除此之外，利用機器學習的市場行銷領域，還有網路廣告空間的自動採購。目前的網路廣告空間購買，是採用 DSP（Demand-Side Platform）競標形式，機器學習能夠在這邊發揮效用。

競標的廣告空間會附加顧客性別、年齡層等屬性，讓廣告主根據這些資訊，參考過去廣告流入的顧客資訊來進行投標。Adflex Communications 就是利用經過機器學習的「Scibids」服務，代替過往網路市場行銷負責人的工作，來最佳化決定顧客層。

隨著未來各個領域逐漸 IT 化、物聯網化，機器學習的運用勢必更加活躍。

總結

▶ 推進 IT 化的領域正充分運用機器學習。

3 章

機器學習的程序與核心技術

前面學習了有關機器學習、深度學習的基礎知識，從本章開始會聚焦討論實際的開發現場。為此，我們需要從各個角度來理解整體的工作程序、目的與終點的設定、具體的手法、應注意事項等。

12 機器學習的基本工作程序

首先，我們來看系統開發的基本工作程序，並逐項解說掌握行程、認清課題等必要事項。

基本工作程序與注意要點

機器學習系統的開發跟一般的系統相比，需要較多的反覆試驗來選定驗算法、提升性能，並容易發生跨越程序間的返工（返回前一個階段重做）。因此，適當管理各程序的耗費時間非常重要。

不過，這邊的重點是，事前認清「待解決的問題適不適合利用機器學習？」。機器學習未必都會得到正確的預測，根據問題的不同，有時使用 Section04 的專家系統反而更有效率，所以必須先檢討「有沒有其他解決方案？」。

■ 基本的工作程序

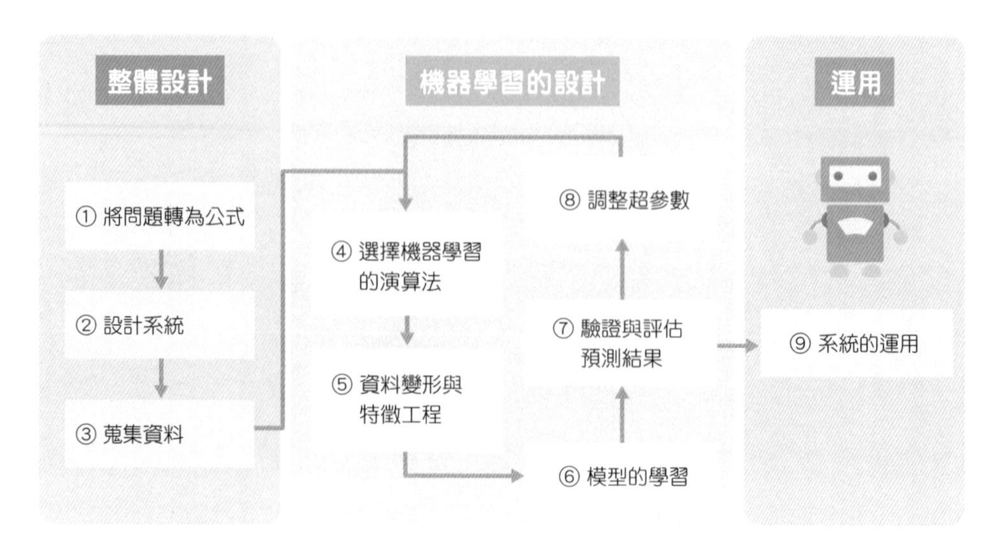

整體設計

① 將問題轉為公式

會想從事機器學習的系統開發，表示內心應該抱有某種目的，比如「想要透過網路拍賣來增加收益」、「想要提升顧客滿意度」等。為了利用機器學習達成目的，必須具體深入思考「想要以機器學習獲得什麼樣的資訊」。尤其在機器學習，從輸出入的資料到演算法的選定，會因欲求事物的不同而完全不一樣，所以一開始先將問題轉為公式是非常重要的。

■ 將問題轉為公式

為了增加網路拍賣的收益……

→ 想要推薦商品

→ **預測「顧客購買某商品的可能性」** 具體化到這種程度

② 設計系統

在設計系統時，需要考量機器學習細節以外的整個程序。尤其是從哪裡獲取資料、最終轉成什麼利用形式，若事前確實決定好這些事情，在後續程序中會有助於進行機器學習的反覆試驗。

③ 蒐集資料

在機器學習系統中，蒐集用來學習、預測的資料是不可欠缺的機能。除了自己當前持有的資料，還可善用政府機關、企業的公開資料或者網路蒐集的資料。關於網路蒐集資料的方法，會在 Section13 詳細講解。

機器學習的設計與系統的運用

④ 選擇機器學習的演算法

配合待處理的問題，從監督式學習（迴歸與分類）、非監督式學習、增強學習等當中選出適當的演算法。由於每種演算法有自己的特徵，不妨挑選幾種不錯的演算法來嘗試。另外，具代表性的演算法，會在第 4 章詳細介紹。

⑤ 資料變形與特徵工程

為了提升機器學習的性能，除了重視使用哪種演算法外，輸入什麼樣的資料也同樣重要。由於演算法僅能夠接受固定的資料形式，若獲取的資料是別種形式，則需要轉換資料。另外，在機器學習中，每個資料項目稱為特徵量，但直接利用可取得的所有特徵量，有時反而會降低預測性能。因此，刪除多餘的特徵量、轉換成其他形式、組合複數特徵量生成新的特徵量等，需要進行調整（特徵工程），以使機器學習演算法更容易發揮其性能。關於具代表性的調整方法，會在 Section14 詳細解說。

■ 特徵工程

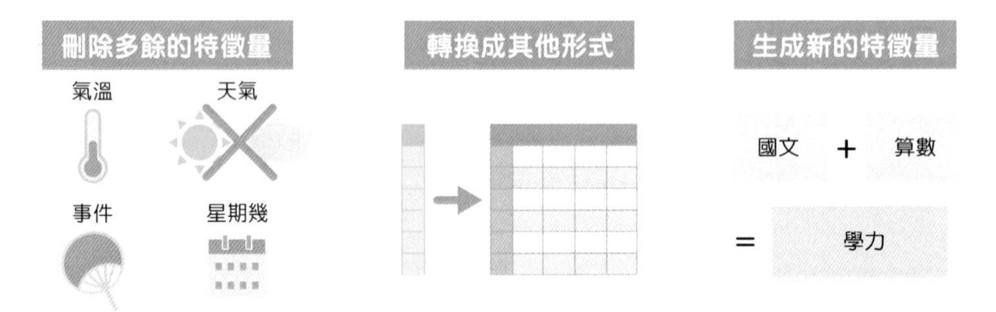

⑥ 模型的學習

利用蒐集的學習資料，讓機器學習模型進行學習。另外，除了建構系統外，開始運用後也會讓模型繼續學習新蒐集的資料。關於基本的學習方法，會在 Section15、16 詳細講解。

⑦ 驗證與評估預測結果

獲得預測結果後，需要進行驗證與評估。瞭解實際運用時可期待多少效能，在系統的運用上非常重要。另外，如果有需要進一步提升性能，會返回 ⑤ 的特徵工程反覆試驗。不過，隨著演算法持續改良，對於反覆試驗上付出的努力，性能提升的比例會逐漸變小。因此，我們必須事前設定「實務上可達 95%的準確率就行了」的截止線。關於驗證與評估的方法，會在 Section17、18 詳細講解。

⑧ 調整超參數

根據「⑦ 驗證與評估預測結果」，調整演算法中的超參數來提升性能。關於指定值之一的超參數，會在 Section19 詳細解說。

⑨ 系統的運用

當機器學習模型展現足夠的性能後，即可將它併入系統內開始運用。不過，即便機器學習系統開始運用，連續的性能驗證也是必不可少的，當蒐集的資料發生變化，有時會需要重新進行模型的學習。另外，模型在開始運用後仍繼續學習的話，可能也會因為 Section22 的反饋迴路而降低模型的性能。

- **機器學習的系統開發不可缺少反覆試驗。**

13 蒐集資料

為了進行機器學習，必須準備用於演算法學習、預測的資料。這節會解說各種資料的取得方法。

自己記錄資料

取得資料的方法當中，最先想到的是**自己記錄資料**。尤其，為了解決公司內部問題而利用機器學習時，藉由建構記錄必要資料的機制，能夠作成更符合目的的機器學習模型。然而，正因為是自己記錄資料，所以必須特別注意以下幾點：

• 能夠確保充足的資料量嗎？

跟從外部取得資料不同，自己記錄資料時必須考慮「資料累積所花費的時間」。比如，以機器學習預測某位顧客解約服務的可能性，假設該服務每年僅有數件解約的情況，那麼即便蒐集 5 年的時間，頂多也只有數十件的資料。

• 是否為中途有改變條件的資料？

有些情況是雖然資料量充足，但取得資料的環境中途發生了改變。比如，不同時期所做的問卷調查，調查的顧客層、問題項目等可能有所不同。又如，以感測器蒐集的資料，必須確認感測器的位置、數量等有無改變。

利用政府機關、企業的公開資料

有些政府機關、企業會以網路等媒體公開其保存的資料庫。這類資料庫通常有著充實的資料項目，可供行政、企業活動、學術研究等利用。再則，網路能夠取得的一般資料，整理形式大多會因時間、主題有所不同，但公開的資料，格式通常是固定的，屬於容易處理的資料。台灣的「政府資料開放平臺」、美國整理國勢調查結果的「Census」等，都是可以取得資料集的地方。

政府機關、企業的公開資料

政府資料開放平臺（https://data.gov.tw/）

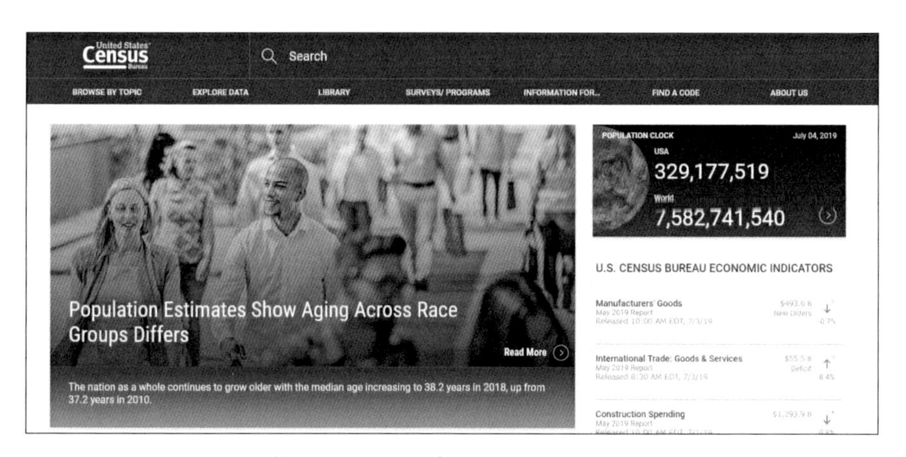

美國人口普查局官網（https://www.census.gov/en.html）

善用網路 API、抓取工具

網際網路公開了圖像、影片、聲音檔等多種多樣的資料，堪稱最為巨大的數據庫。雖說如此，由人類操作瀏覽器、APP 從網際網路獲取資料，需要耗費龐大的時間。但這若能交由程式自動進行，網際網路將會是強大的資料庫。然而，正如網頁設計不盡相同，網路資料的形式也沒有統一，難以簡單地自動取得。因此，在利用網路資料時，需要程式從網頁、網路服務擷取目標資料，並統整為機器學習可利用的形式。下面就來解說其中的代表方法——**網路 API、抓取工具（爬蟲）**。

■ 網路 API 和抓取工具的資料程序

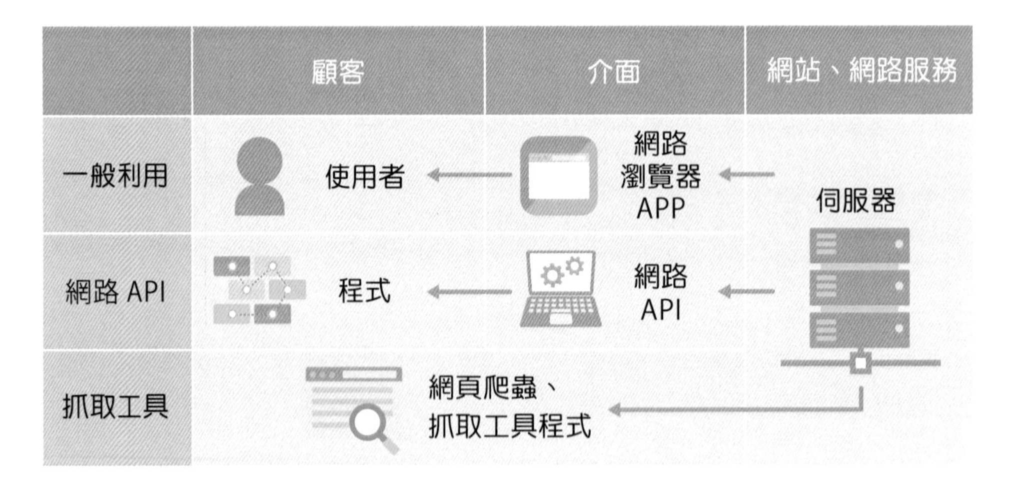

網路 API 通常是網路服務商提供的應用程式，透過網路 API 就可取得該網站處理的資料，但能夠取得的資料因網路服務而異。比如，Facebook、Twitter 等社群平台的網路 API，能夠取得社群平台內的投稿、用戶資料、動態等訊息；大型電商 Amazon 的網路 API，能夠取得商品細節、暢銷品項等資訊。

另一方面，抓取工具通常是不經由網路 API，直接從網站、網路服務取得資料。抓取工具主要用於，想要從無網路 API 的網路服務取得資料、需要的資料無法以網路 API 取得的時候。抓取工具是利用公開的網路爬蟲，或者自己編寫的程式。

網站、網路服務的資料儲存於網路伺服器，我們利用這些資料時，是以瀏覽器、APP 作為介面（窗口）來取得。由電腦代替人類連接網路伺服器後，透過網路 API、網路爬蟲、抓取工具程式來獲取資料。

網路 API 的提供者大多會統整其利用方法，不易受網路服務的規範變更所影響，但如果原本就沒有準備網路 API，使用者也就沒有辦法利用。相反地，抓取工具基本上能夠從任意網站、服務取得資料，但需要配合規格變更，修正網路爬蟲、抓取工具程式。另外，在禁止使用抓取工具的網路伺服器實施，對伺服器造成過大的負荷等情況，可能會因此被追究法律上的責任。

網路 API 與抓取工具的優缺點

	優點	缺點
網路 API	• 利用方法經過統整，容易使用 • 不易受規格變更所影響	• 沒有網路 API 就無法使用 • 資料的取得可能受到限制
抓取工具	• 能夠取得無網路 API 的網路服務資料 • 能夠取得未設定網路 API 的資料	• 會受到規格變更所影響 • 可能被追究法律責任 • 需要一定的知識與技能

總結

- **資料的蒐集方法有「自己蒐集」、「利用公開的資料庫」、「善用網路 API、抓取工具」。**

14 資料變形

將資料交給機器學習演算法時，必須將資料轉為適合演算法的形式。這節會說明典型的資料形式——類別資料變形、數值資料變形。

類別資料變形

類別資料是描述性別、居住區域等類別的資料。類別資料會轉為數值以方便處理，現已存在各種考慮到記憶體用量、學習速度的轉變手法。

另外，類別資料轉換後的數值無法比較大小，這些編定的號數沒有數值大小的意義。

• 標籤編碼（Label Encoding）

標籤編碼是最為單純的手法，對各類別分配一個數字。

• 計數編碼（Count Encoding）

計數編碼是分配該類別資料的出現次數。

• 獨熱編碼（One-Hot Encoding）

獨熱編碼是以列名作為類別名，名稱一致的列分配 1、其餘的列分配 0，有多少類別個數就會增為多少列數。讀熱編碼能夠明確區分類別，但隨著列數增加，記憶體用量也會增大，造成運算速度變慢。

■ 類別資料的變形

標籤編碼

ID	都市
1	東京
2	大阪
3	名古屋
4	大阪

ID	都市
1	1
2	2
3	3
4	2

計數編碼

ID	都市
1	東京
2	大阪
3	名古屋
4	大阪

ID	都市
1	1
2	2
3	1
4	2

獨熱編碼

ID	都市
1	東京
2	大阪
3	名古屋
4	大阪

ID	東京	大阪	名古屋
1	1	0	0
2	0	1	0
3	0	0	1
4	0	1	0

下一頁會介紹數值資料的變形方法。當資料為數值時，通常不會變形直接交給演算法。然而，針對使用的機器學習演算法適當的轉換後，有時能夠讓演算法發揮更好的效能。

數值資料的變形

• 離散化

離散化是將連續的數值劃分為不同的類別。假設在預測遊樂園的進場人數時，資料數值中有進場者的年齡，離散化就是將這些年齡劃分為不同的年齡層。若直接使用進場者的年齡，即便相差 1 歲的資料也會被視為不同的數值，不適合用來表示資料特徵。但若用不同年齡層大範圍的區分，就能夠吸收年齡的微小差異。

• 對數轉換

對數轉換是對數值取對數轉換成 log。對於正數的數值資料，它能夠縮短過長的尾端、擴大過小的數值。在機器學習中，對數轉換是有效的手段之一，擅長處理近似常態分布（漂亮鐘型）的資料。

• 特徵縮放（Scaling）

特徵縮放是轉換數值的範圍。根據資料的不同，有時可能沒有設定取值範圍，比如，遊樂園的進場人數就沒有設定取值上限。然而，線性迴歸、邏輯迴歸等演算法，容易受到數值大小的影響，所以必須改變數值的範圍。具代表性的特徵縮放有 Min-Max 縮放（正規化）與標準化，Min-Max 縮放是令最小值為 0、最大值為 1，將資料範圍控制在 0 ～ 1 之間；標準化是令平均數為 0、變異數為 1。另外，也有先做對數轉換再進行標準化的做法。

總結

- **根據資料、使用的演算法來選擇變形方法。**

■ 數值資料的變形

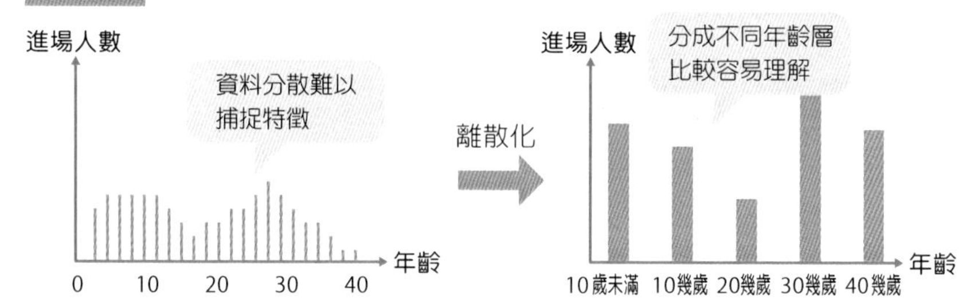

離散化
進場人數
資料分散難以
捕捉特徵
年齡
0
10
20
30
40
離散化
進場人數
分成不同年齡層
比較容易理解
年齡
10歲未滿
10幾歲
20幾歲
30幾歲
40幾歲

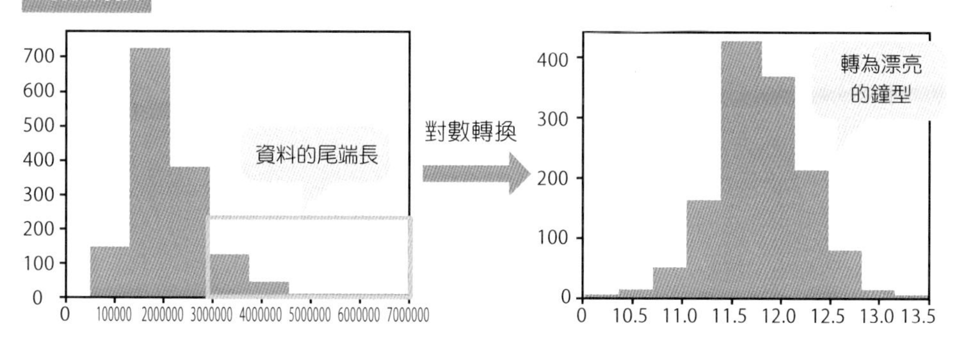

對數轉換
700
600
500
400
300
200
100
0
資料的尾端長
0
100000
2000000
3000000
4000000
5000000
6000000
7000000
對數轉換
400
300
200
100
0
轉為漂亮
的鐘型
0
10.5
11.0
11.5
12.0
12.5
13.0
13.5

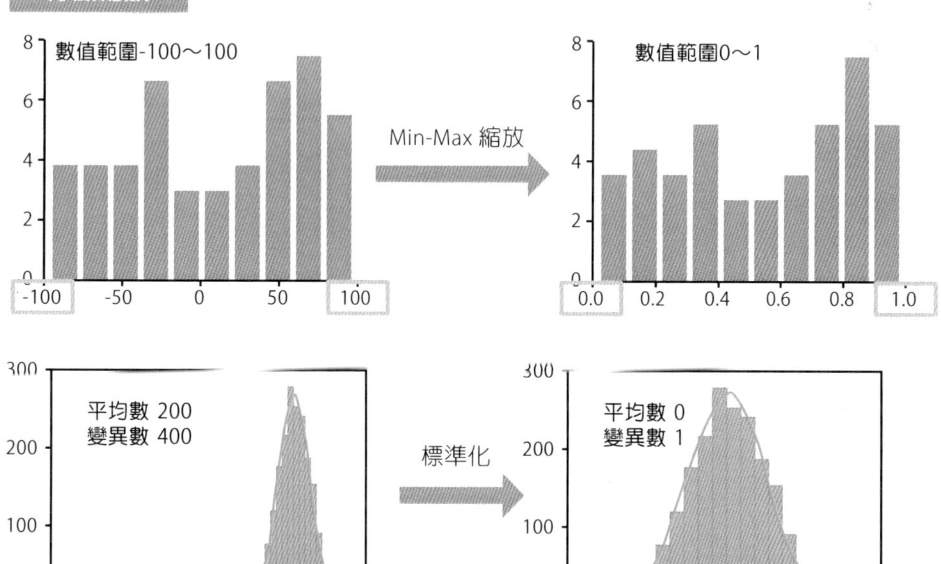

特徵縮放
數值範圍-100～100
-100
-50
0
50
100
Min-Max 縮放
數值範圍0～1
0.0
0.2
0.4
0.6
0.8
1.0
平均數 200
變異數 400
-100
0
100
200
標準化
平均數 0
變異數 1
-4.0
-2.0
0.0
2.0
4.0

15 模型的作成與學習

機器學習需要配合解決的問題來選擇演算法作成模型。這節就來深入瞭解模型的作成與學習的方法。

何謂模型？

機器學習的**模型**是指，由輸入的資料導出輸出（對輸入資料進行分類、預測）的數理模型。我們可以聯想「**放入什麼會跑出什麼的箱子**」來幫助理解，每個箱子的大小、入口形狀不一，僅能放入固定形狀的東西，並跑出固定形狀的東西。這種箱子的製作，必須一開始就決定輸出入的是什麼樣的資料。

順便一提，這個「箱子」相當於數學中的「**函數**」。在機器學習上，演算法裡頭進行的是函數運算。

■ 模型是「函數」

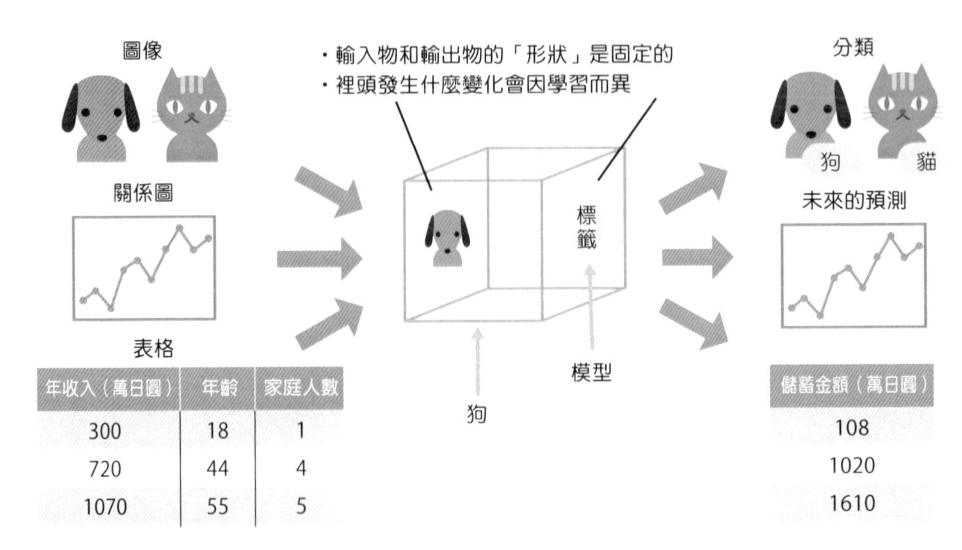

年收入（萬日圓）	年齡	家庭人數
300	18	1
720	44	4
1070	55	5

儲蓄金額（萬日圓）
108
1020
1610

模型剛作成的時候，內部的處理（函數運算）大多沒有規律，無法預想會發生什麼事情，輸入狗兒的圖像有可能被分類為貓咪；預測未來的關係圖有可能跑出完全偏離預期的預測。修正這樣狀態的模型，使其跑出更好結果的過程，就稱為「學習」

■ 修正無規律的處理

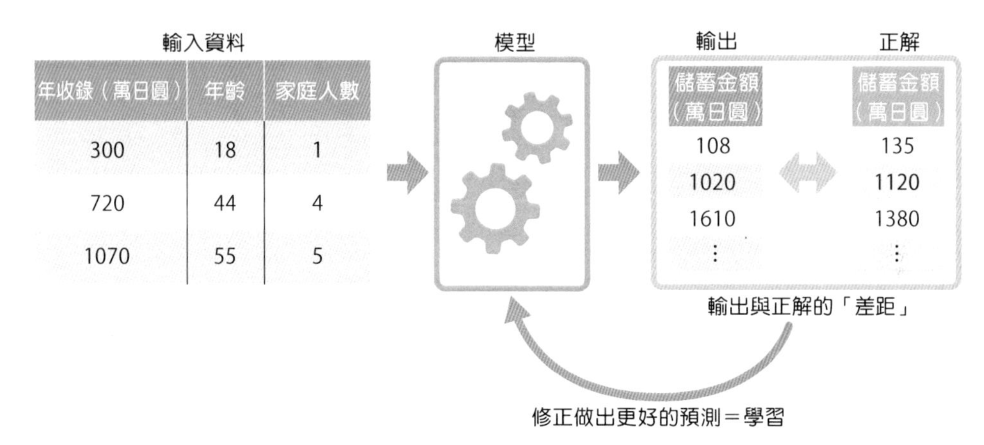

監督式學習是指像這種縮小與正解資料差距的學習手法；而非監督式學習，其學習過程會因手法而截然不同，細節留到第 4 章講解。比如，我們來討論由某人的年收入預測儲蓄金額的機器學習演算法。此時，學習資料是「年收入○○萬日圓」等調查對象的數據，正解資料是該人「實際儲蓄的金額」。

在此基礎上，討論輸入為年收入的機器學習模型。以輸入資料的年收入為橫軸、正解資料的儲蓄金額為縱軸，這份資料可畫成二維的散點圖（**P.72** 下圖）。作圖前可以預期「年收入和儲蓄金額會呈現正相關」，由散點圖也能夠確認的確是具有該傾向的直線。

如同上述，對於呈現正相關的資料，通常直線模型就能夠有效解決。直線是由斜率和截距兩個參數來決定的，透過找尋擬合（fit）學習資料的參數，就能作成良好的模型。

訓練誤差

接下來，就來實際討論擬合輸入資料的直線模型參數。想要找出這樣的參數，應該怎麼處理才妥當呢？

首先，對模型輸入適當的參數計算輸出，會發現輸出資料和正解資料之間存在明顯的差距。這個差距稱為訓練誤差，需要透過學習不斷更新參數，使**訓練誤差**逐漸縮小。比如，像下圖更新參數後，直線的斜率會逐趨近資料的斜率。

當模型和資料之間的差距足夠小後，就終止學習。如此完成的模型，即便面對「年收入 650 萬日圓」等過去沒有學習過的未知輸入資料，也能夠預測「儲蓄金額是 700 萬日圓」。

前面是以直線模型為例來說明，但機器學習使用的模型通常更為複雜。另外，也有案例是輸入的資料不僅只年收入，還參考年齡、家庭人數等其他資料來作成預測的模型。雖說如此，大多數監督式學習的學習，皆可理解為「更新參數使模型輸出與正解資料的差距縮小」。

■ 直線模型的學習

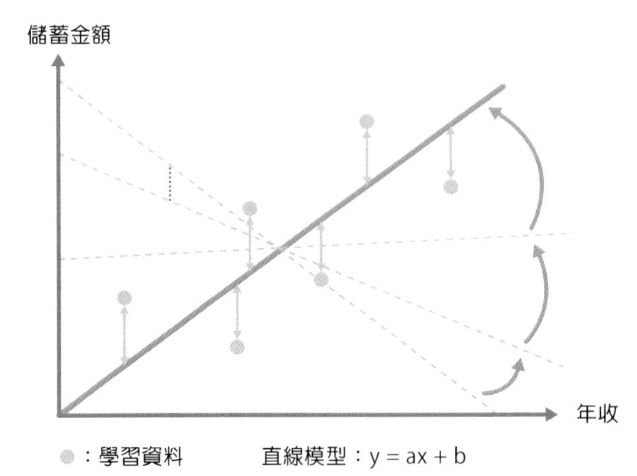

反覆學習（疊代法）

藉由反覆學習所有的學習資料、調整參數，模型會逐漸能夠輸出正確的預測與分類結果。這個反覆學習稱為**疊代法（iteration）**，主要分為「**批次學習（batch learning）**」、「**小批次學習（small-batch learning）**」、「**線上學習**」。

批次學習是一次讀取所有的資料來學習；小批次學習是一次讀取「批次大小（batch size）」所設定的資料量來學習；線上學習是一次讀取 1 個資料來學習。

批次學習必須一次處理所有的學習資料，需要較大的電腦記憶體，但所有的資料都是均等地處理。而小批次學習、線上學習則是從所有資料中反覆隨機讀取一部分或者 1 個資料。雖然同樣會讀取所有資料，但學習的結果會受到後面讀取的資料影響較多，性能有可能因為學習的順序而改變。另外，由於學習次數比批次學習多，運算量可能會比較大。關於批次學習和線上學習，會在下一節詳細講解。

■ 反覆學習（疊代法）與其種類

總結

- 模型的學習可藉由反覆學習來縮小訓練誤差。

16 批次學習與線上學習

批次學習是一次處理全部資料的手法，模型的更新比較花費時間。另一方面，線上學習是逐項處理資料、快速更新模型，有利於需要頻繁更新模型的情況。

批次學習

批次學習必須使用所有資料進行模型的學習。因此，運算時間非常長，會分開進行模型的學習與預測。這種預測與學習分開的方式，稱為**離線學習**。

另外，批次學習想要應用新的資料時，必須輸入所有的新舊資料重新學習。當像這樣重新學習新舊資料的新模型完成，才會停止過去運行的預測模型替換成新模型。由於資料的學習過於耗時，不可能即時更新模型。因此，比如狀況時時刻刻頻繁變化的股票市場，若利用此手法的機器學習交易系統有可能虧損。再則，頻繁的重新學習全部資料，會消耗大量的運算資源，成本的提高也是其痛點。

■ 批次學習

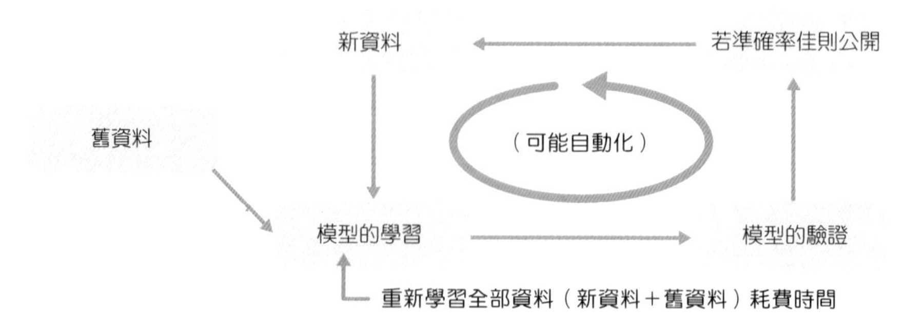

線上學習

線上學習是指持續投入少量資料（名為**小批次**的小單位或者 1 個資料），讓模型逐次學習的方法。其學習循環快，每當入手新的資料就能迅速作成學完該資料的模型。因此，線上學習適合前面提到的交易系統。另外，在運算資源有限的情況下，線上學習也是有效的方法。因為只要模型學習了該資料，就不需要保存過去的資料。

線上學習的缺點是，新得到的資料皆會被當成正確的分類來更新參數，輸入異常資料會降低模型的預測能力。為了防止這種情況，必須使用異常偵測演算法等來監視有無輸入異常資料。

然後，在線上學習，模型適應新資料的**學習率**很重要。若學習率高，則容易適應新的資料，但也容易失去舊有資料的傾向；若學習率低，則容易保有舊有資料的傾向，但會不容易適應新的資料。

另外，資料量多到沒辦法進行批次學習時，可將資料分割成較小的單位，使用線上學習的演算法來進行學習。這種學習方式稱為**核外學習**（**out-of-core learning**）。

■ 線上學習

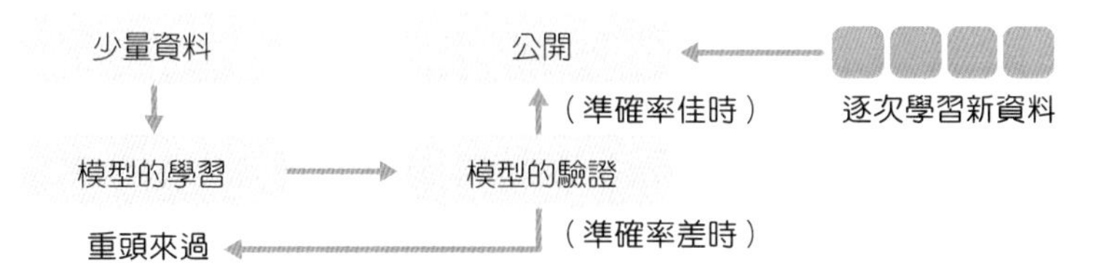

總結

- 批次學習是一次學習；線上學習是逐次學習。

17 使用測試資料驗證預測結果

在機器學習演算法，必須驗證對未知資料的預測與分類性能，但若弄錯驗證方法，會使結果變得毫無意義。這節就來學習使用測試資料的正確驗證方法。

何謂泛化性能？

機器學習的重點在於，透過學習資料變得能夠預測、分類未知的資料。而預測、分類未知資料時的準確率，就稱為**泛化性能**。在學習階段，會根據對學習資料的性能更新參數，但學習結束後，無法保證對未知資料的性能，因此需要驗證泛化性能。

在驗證泛化性能時，重要的是「不使用學習時使用的資料來驗證」。因此，需要另外分出有別於學習資料的驗證用資料。這個驗證用的資料，稱為**測試（驗證、評估）資料**。

藉由劃分學習資料與測試資料，能夠驗證學習完成的模型對未知資料的性能，評估出該模型的泛化性能。不曉得完成的模型可期待多少性能，也就沒有辦法保證模型的信賴性，可能造成實際運用演算法時出現巨大的障礙。

另外，直接將學習資料當作測試資料使用的話，雖然驗證出來的模型準確率高，但並不代表具有高的泛化性能。這就好比直接拿練習題當作考試題目，沒有辦法瞭解真正的學力。

■ 直接將學習資料當作測試資料……

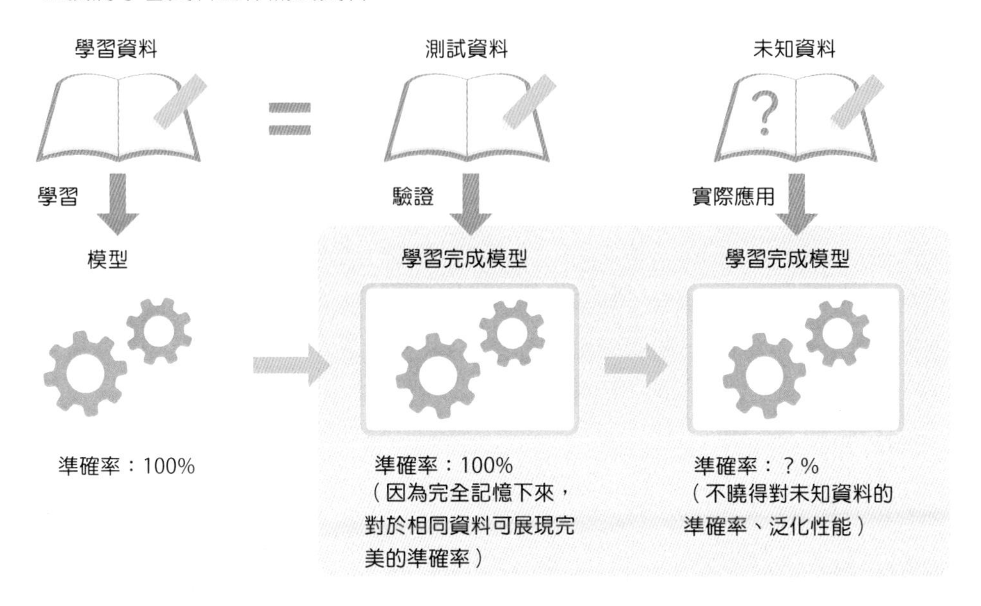

■ 測試資料不使用學習資料

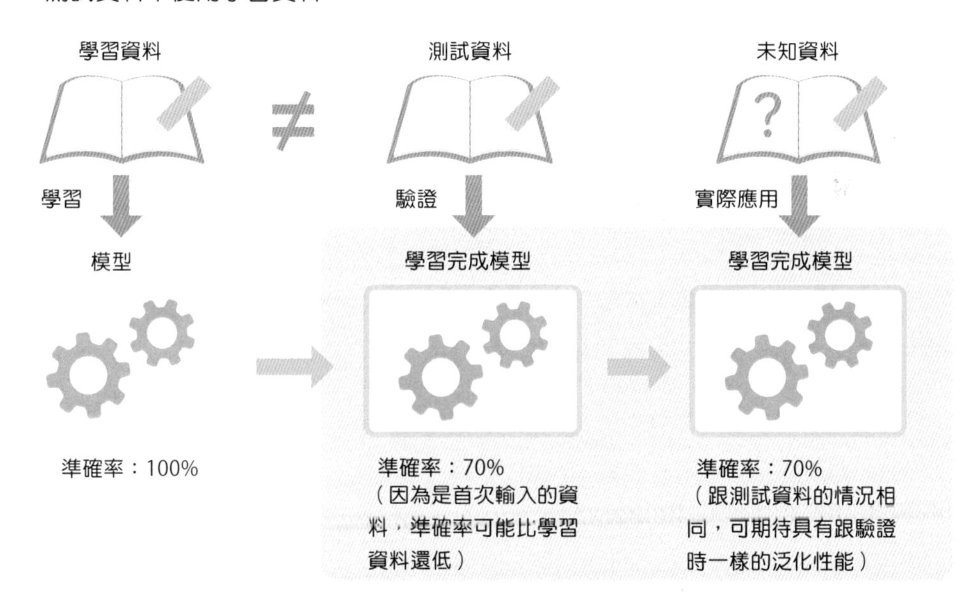

那麼，實際上應該如何劃分學習資料和測試資料呢？劃分的方法有好幾種，下一頁將介紹具代表性的手法——截留驗證法（Holdout Validation）和 K 折交叉驗證法（K 等分交叉驗證法：K-fold cross validation）。

截留驗證法與 K 折交叉驗證法

截留交叉驗證法是指將資料按某個比例分割成學習用資料和測試用資料，是最為單純的驗證法。由於學習的資料數跟模型的性能直接相關，應該盡可能分割多一些，但若測試的資料數過少的話，可能會無法模仿未知資料的各種模式。當遇到資料數龐大時，後述的交叉驗證法會因電腦的處理速度等因素造成學習與測試過於耗時，所以會選擇採用一次完成學習與測試的截留驗證法。一般來說，學習與測試資料的比例多為 2：1、4：1 或者 9：1 等。

■ 截留驗證法

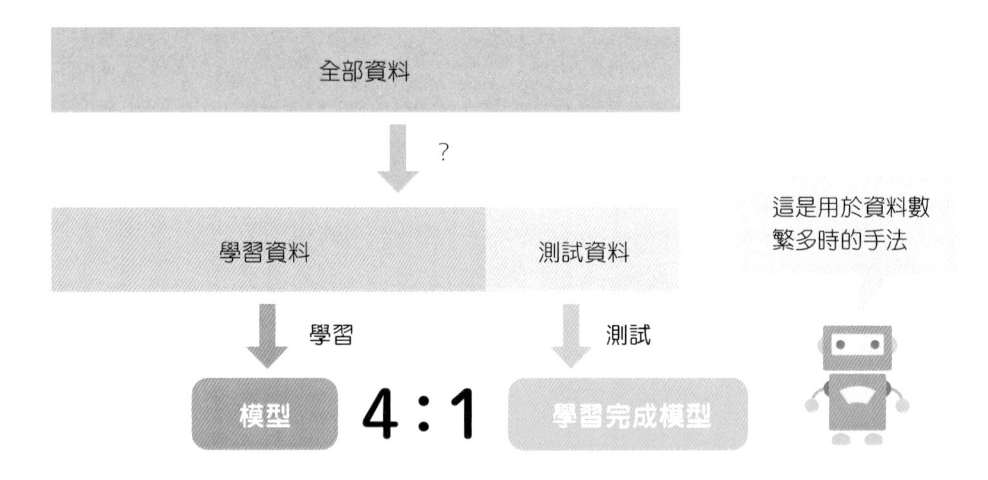

在截留驗證法中，僅有全部資料的一部分為測試資料，若是測試資料的選法有所偏頗，可能會無法正確地驗證。

有鑑於此，人們提出了 **K 折交叉驗證法（K 等分交叉驗證法）**。該手法是以交換分割學習資料與測試資料等方法，將其劃分成複數的組合模式，所有資料都會被當作測試資料使用。然後，分別使用這些組合進行學習與測試，由複數的驗證結果來綜合評估模型的性能。

雖然 K 折交叉驗證法根據組合數的不同，需要比截留驗證法多 3 倍～ 10 倍左右的運算資源，但卻是目前最廣為使用的驗證方法。

■ K 折交叉驗證

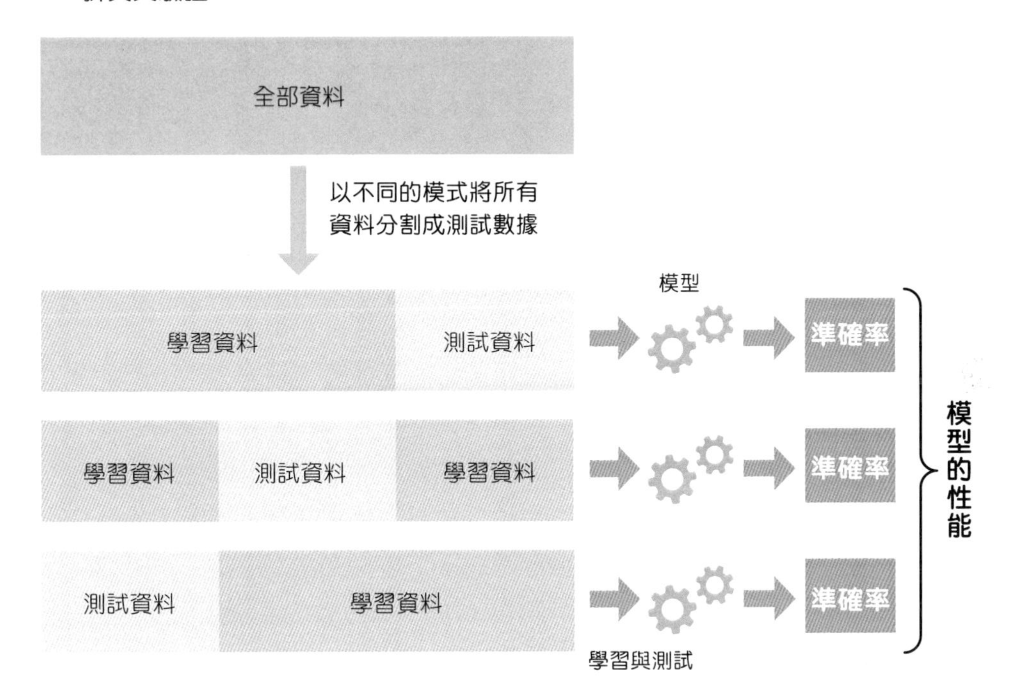

其他手法還有**留一交叉驗證法**（**leave-one-out cross validation**），是從全部資料逐一抽出當作測試資料，剩餘的全部當作學習資料的手法。根據此方法得到資料數，學習、測試所有的模式，由其結果綜合驗證模型的準確率。跟已經介紹的兩個手法相比，由於取得的學習資料較多，有助於提升模型的準確率。然而，因為運算量會隨著資料數增長，近年通常僅用於資料數不多的情況。

總結

- **在驗證預測側結果時，經常使用 K 折交叉驗證法。**

18 學習結果的評估基準

透過驗證機器學習模型，能夠獲得模型輸出結果與正解的統計資料。然而，統計資料沒辦法直接表達該模型的性能。這節將會說明由統計資料正確表達模型性能的方法。

機器學習的性能評估

在上一節，我們學習了如何以測試資料驗證機器學習模型的性能。驗證時，若是迴歸模型的話，輸入測試資料會預測出某個數值；若是分類模型的話，則會預測出資料的標籤。在迴歸的情況下，各輸入的結果會是表達該預測與正解相差多遠的數值；在分類的情況下，各輸入的結果會分類至某個標籤，彙整成統計表格。然而，光有這樣的統計結果，無法答覆「該模型的性能如何？」、「該模型能夠估計事業上的利益嗎？」等重要的疑問。

因此，**必須由測試資料的驗證結果來「評估」性能**。在本節中，我們會介紹迴歸與分類上用來評估模型的指標。

■ 光有驗證是不夠的

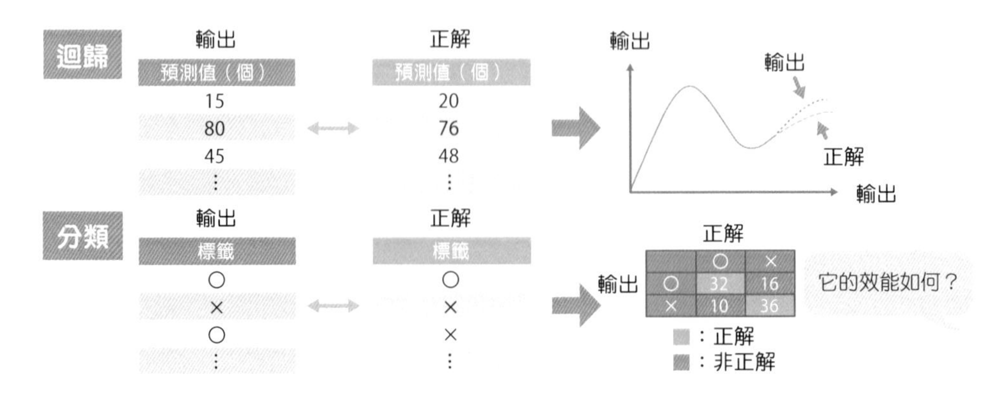

評估迴歸模型的性能

迴歸模型的性能，基本上可由輸出與正解的數值差距「預測誤差」來評估，所以迴歸模型的評估指標，僅差在**如何統計預測誤差**。事不宜遲，從下一頁開始就來介紹具代表性的 R2（確定係數）、RMSE（均方根誤差）、MAE（平均絕對誤差）。

迴歸模型的評估指標

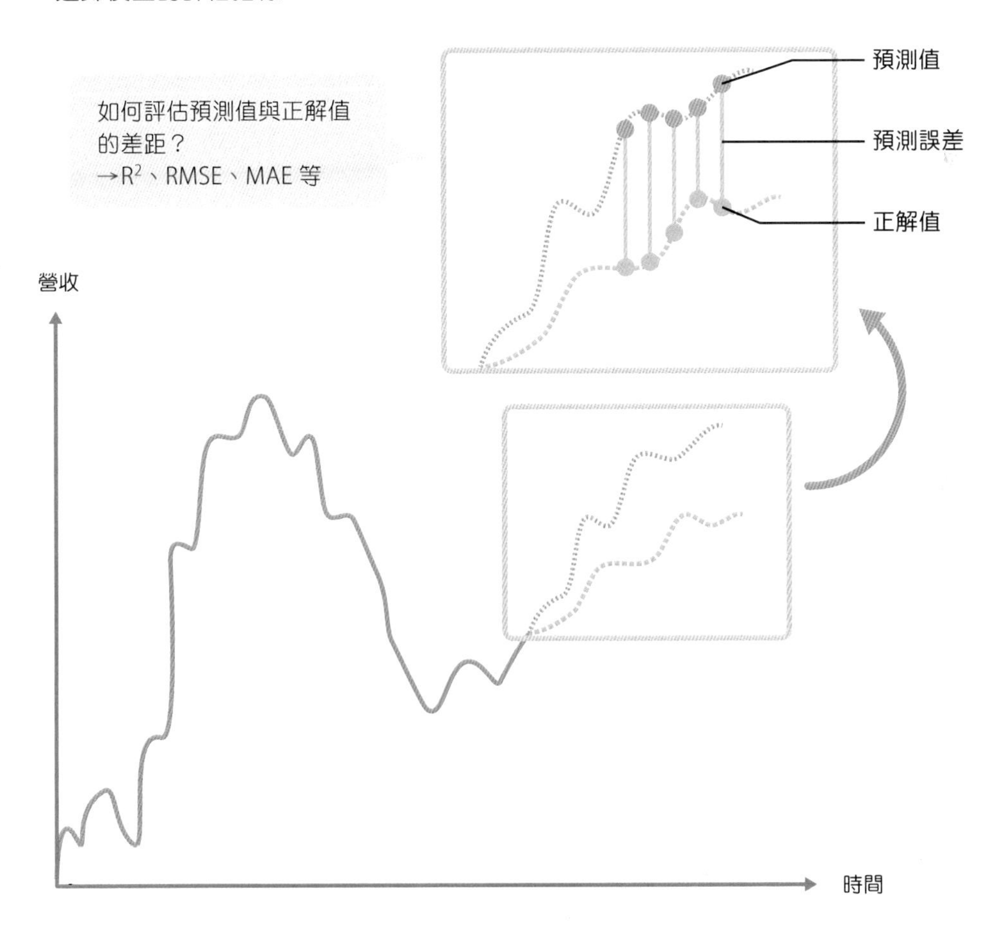

迴歸模型中預測誤差統計的代表方法

（1）R^2（確定係數）

R^2（確定係數）是將預測誤差正規化（統整數值的大小）所得到的指標，完全無法預測時為 0、全部能夠預測時為 1，數值愈大性能愈好。由於不受預測數值規模所影響，屬於容易直觀理解的指標。

（2）RMSE（均方根誤差）

RMSE（均方根誤差）是將預測誤差平方再取平均的統計指標，數值愈小性能愈好。由於能夠正確評估常態分布的誤差，所以受到廣泛使用。跟 R^2（確定係數）不一樣，若預測值為個數，則指標規模也會是個數，得到的數值和預測值的單位相同，是廣為人知容易具體評估模型的指標。

（3）MAE（平均絕對誤差）

MAE（平均絕對誤差）是對誤差的絕對值取平均的統計指標，數值愈小性能愈好。由於比 RMSE 更能處理離群值（outlier：誤差比正常誤差還大的數值），因此常用於評估存在許多離群值的資料集。然後，跟 RMSE 一樣，得到的數值和預測值的單位相同，屬於容易具體評估模型的指標。

■ 三個評估指標

R^2（確定係數）	RMSE（均方根誤差）	MAE（平均絕對誤差）
・值落於 0 到 1 的範圍，愈接近 1 表示分析的準確率愈高。	・能夠正確評估常態分布的誤差。 ・容易受到局部誤差所影響。	・用於評估存在許多離群值的資料集。

評估分類模型的性能

接著是分類模型。跟迴歸模型的情況不同，分類模型的評估需要考慮輸出與正解的可能組合，基本上會將這些複數組合寫成**混淆矩陣（confusion matrix）**。比如，若是分類「○」、「×」標籤的問題，輸出與正解的可能組合共有 2 × 2 ＝ 4 種，所以混淆矩陣如下圖為 2 × 2 的四宮格。

■ 混淆矩陣

	正解「○」	正解「×」
預測為「○」	TP	FP
預測為「×」	FN	TN

T：True（預測正確）
F：False（預測錯誤）
P：Positive（「○」）
F：Negative（「×」）

兩標籤分類混淆矩陣的四種模式分別為：將正解「○」正確預測為「○」的次數 **TP（True Positive：真陽性）**；將正解「○」錯誤預測為「×」的次數 **FN（False Negative：假陰性）**；將正解「×」錯誤預測為「○」的次數 **FP（Fasle Positve：假陽性）**；將正解為「×」正確預測為「×」的次數 **TN（Treu Negative：真陰性）**。混淆矩陣的 TP、FP、FN、TN 數值轉為文氏圖後，如下圖所示。學習完成的分類模型是以藍線圍起來的「真正的境界（正確分辨資料的境界）」為目標，但實際上的分類並不完美，會是如粉紅線圍起來的「推測的境界」。以綠色標示的資料是能夠正確分類，以橙色標示的資料是與正解不同的分類。

■ 以文氏圖來看混淆矩陣的數值

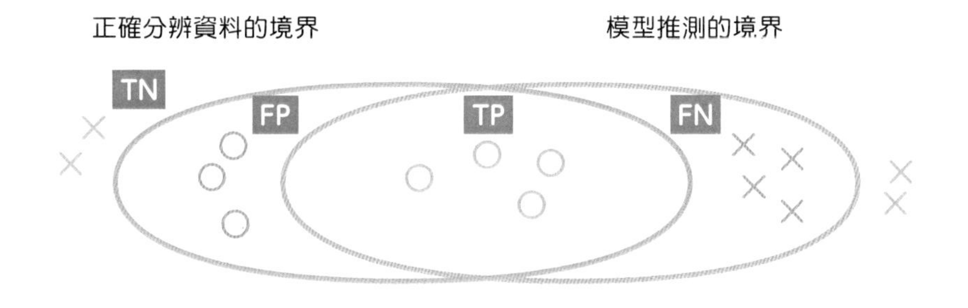

分類模型中具代表性的評估指數

在這小節，會介紹四個使用 TP、FP、FN、TN 的具代表性評估指標。請各位一面參照混淆矩陣表格，一面繼續閱讀下去。

準確率（Accuracy）

$$準確率 = \frac{TP+TN}{全體總數(TP+FP+FN+TN)}$$

	正解「○」	正解「×」
預測為「○」	TP	FP
預測為「×」	FN	TN

T：True（預測正確）
F：False（預測錯誤）
P：Positive（「○」）
F：Negative（「×」）

準確率是全部資料數中正確分類的資料比率，也被稱為正解率、正確率。

召回率（Recall）

$$召回率 = \frac{TP}{TP+FN}$$

召回率是實際為圓圈的資料中，正確分類為圓圈的資料比率。召回率用於「即便將打叉分類為圓圈，也要將圓圈確實分類為圓圈」的狀況，比如在疾病診斷上，比起將沒有疾病的資料（打叉）誤診為有疾病（圓圈）的情況（假陽性），遺漏掉罹患疾病（圓圈）的情況（假陰性）較為危險，所以重視召回率高的模型。

■ 精確率（Precision）

$$精確率 = \frac{TP}{TP+FP}$$

精確率是預測為圓圈的資料中，正確分類為圓圈的資料比率。精確率跟召回率相反，用於「即便將圓圈分類為打叉，也想要將打叉確實分類為打叉」的情況。比如，網際網路的搜尋系統，由於需要從龐大數量的網頁中，盡可能篩選出符合關鍵字的頁面，所以重視精確率高的模型

■ F 值（f-score）

$$F值 = \frac{2 \times 召回率 \times 精確率}{召回率 + 精確率}$$

雖然召回率和精確率是容易理解的指標，但不斷提高這兩種數值，未必就是良好的模型。比如，在診斷疾病上，將檢查人員全數分類為有疾病的話，召回率就會是 100%，但想當然爾，這不是有用的數值。

有鑑於此，**F 值**受到人們重視。其實，召回率和精確率彼此為消長（trade-off）關係，其中一方增長會使另一方縮減。對召回率和精確率取平均（調和平均），可形成更好的評估指標。這個評估指標就稱為 F 值。

- 評估時使用適當的評估指標。

19 超參數與模型的調整

在機器學習中，存在著必須經由人手調整模型以提升演算法性能的參數。這種參數稱為超參數。

超參數

為了理解**超參數**，這邊以多項式為例來講解。參數是模型中所設定的具體數值，比如直線的斜率、截距等，而超參數是決定模型輪廓的數值，表示模型為幾次方程式（直線、二次曲線、三次曲線等）。

■ 多項式（值線、二次函數等）的例子

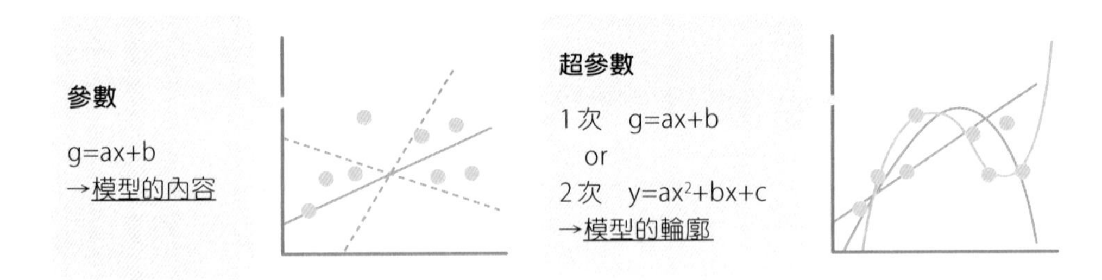

如果超參數設定得不恰當，模型可能會無法充分發揮性能。這種性能不充分的狀態，常見的特徵有「欠擬合（underfitting）」、「過擬合（overfitting）」。

如字面上的意思，**欠擬合**是指因未充分學習造成性能低下的狀態。對學習資料的預測、分類準確率不夠高，這種情況屬於欠擬合。

相反地，**過擬合**則是指過於追求對學習資料的準確率，造成對未知資料的準確率低下的狀態。

從下一頁開始，我們就來具體瞭解欠擬合與過擬合。

欠擬合與過擬合

舉例來說，以演算法推測二維關係圖的形狀（真實情況），假設下圖的綠線為真實模型，而實際能夠取得的資料是帶有雜訊（零散分布）的黃點。機器學習是以演算法學習資料，尋求接近真實模型（綠線）的模型（紅線）。若將模型假設為多項式（一次→直線、二次→二次函數），則多項式模型的超參數會是最高次數。

如下圖 ① 所示，最高次數為 1 時會是直線。然而，由於真實模型為曲線，可知直線過於單純沒辦法有效表達，模型處於欠擬合的狀態。另外，這種因模型表達力不足，造成學習資料與模型之間產生的誤差，稱為**近似誤差**。

那麼，最高次數為 1 的模型過於單純，無法正確表達，這次將學習模型的最高次數大幅增加到 8。結果，如圖 ② 得到完美擬合學習資料（黃色的點）的模型。然而，無資料的部分大幅偏離真實情況（綠線），難說模型充分表達真實模型。這種模型對學習資料有著高準確率，但對未知資料卻表現得不理想。如同上述，模型因過度學習造成未知資料（測試資料）與模型之間產生的誤差，稱為**驗證誤差（Validation Loss）**。

■ 欠擬合與過擬合

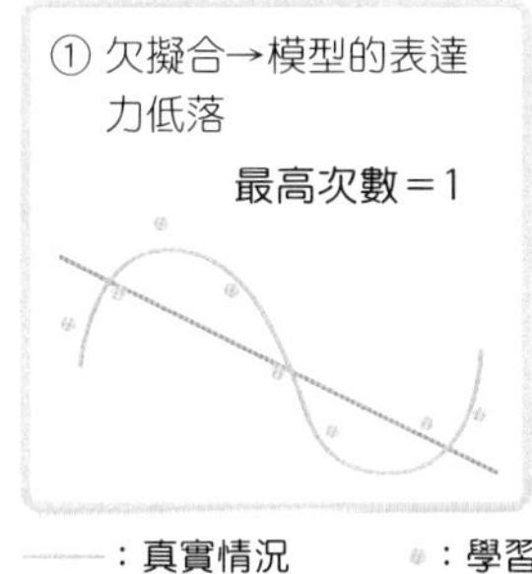

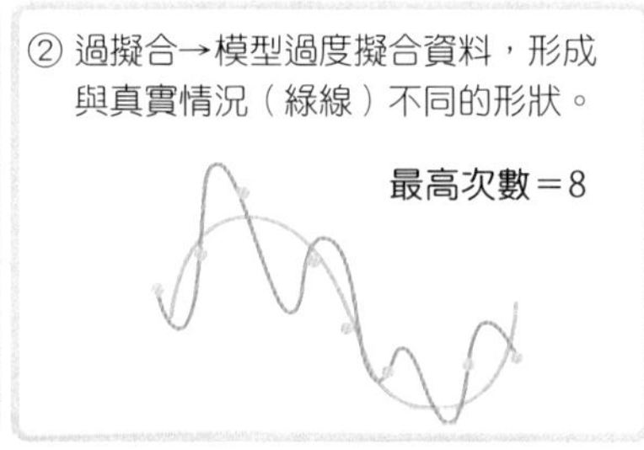

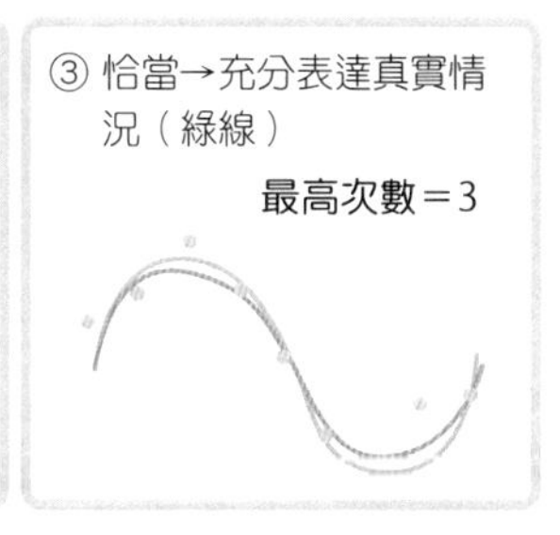

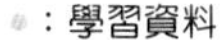

——：真實情況　●：學習資料　------：演算法導出的模型

自動調整超參數

前頁的例子是討論多項式模型的最高次數，但實際模型存在許多必須分別決定的超參數。而且，大多數問題不像前頁的二維關係圖能夠可視化調整，**由人類調整超參數是相當困難的事情**。

因此，為了決定超參數的數值，機器學習中存在著各種自動調整的手法。

最為單純的手法是嘗試所有超參數候補的組合，從中選出性能最好的情況。這種方法稱為**網格搜索（Grid Search）**，肯定能夠從候補中選出最佳的超參數。不過，當候補數增多，運算量會呈指數性增長，造成學習資料變多、模型變得複雜等，難以用於一次學習需要大量運算的情況。此時，方法會改成不是嘗試全部可能性，而是從幾種組合中選出最佳的超參數。如同上述，存在著各種調整參數的手法，但這邊僅介紹幾個常用的方法。

■ 決定操超參數組合的手法

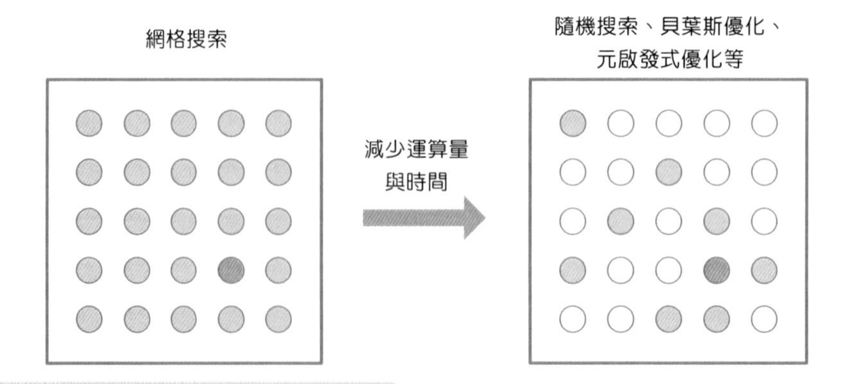

- 嘗試所有可能的組合，能夠取得性能最佳的超參數。
- 但由於運算量龐大，很多時候難以全部嘗試。

- 嘗試幾種可能的組合，從中採用最佳的超參數。
- 存在各式各樣決定試驗組合的方式。

其他的手法

隨機搜索	隨機試驗超參數組合的手法。僅需指定嘗試幾種模式就能夠執行，相當容易實作。
模擬退火法 （Simulated Annealing：SA）	因手法近似金屬加工中的「退火（某材料加熱後放置降溫的熱處理）」而得名。最初廣泛嘗試各種可能，再逐漸縮小範圍探索最佳的組合模式。
貝葉斯優化	利用名為高斯過程（Gaussian process）的迴歸模型，來探索最佳超參數的手法。先試算幾個參數候補的準確率，再根據該結果進一步推測「準確率更高」且「尚未全部嘗試」的參數候補，進行有效率的探索。
遺傳演算法	模仿生物進化機制的手法。將超參數的組合視為遺傳基因，藉由反覆淘汰、交叉、突變等處理（世代交替），探索最佳的組合。

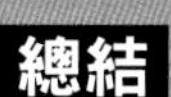

總結

- 超參數是決定模型輪廓的數值。
- 留意欠擬合和過擬合。
- 存在自動決定超參數的手法。

20 主動學習

在機器學習中，想要進行監督式學習，需要大量附帶標籤的訓練資料。一般來說，訓練資料需要耗費時間標記標籤，但使用主動學習的話，就能在不降低預測準確率的前提下，減少需要標記標籤的資料。

作成附帶標籤資料的過程繁雜

想要進行機器學習（尤其是監督式學習），需要大量附帶標籤（正解）的資料，但標記標籤的作業繁雜。因此，不是一股腦製作訓練資料來學習（被動學習），而是採用篩選訓練資料數來學習的**主動學習**，效率會比較高。

為了幫助理解提高標記標籤效率的重要性，下面就來舉例説明。假設我們想要使用機器學習判斷「寶可夢」的圖像是哪一隻精靈，由於圖像沒有附帶正解資訊，需要由人一個個判斷答案來作成訓練資料。此時，判斷的人當然得正確掌握所有精靈寶可夢的外觀才行。另外，在輸入正解時會使用鍵盤等設備，但想要判斷 800 種以上的寶可夢，1 個按鍵對應 1 隻精靈是不夠的。結果，需要複雜敲打鍵盤好幾次，過程相當費勁耗時。因此，我們需要有效率地作成訓練資料。

■ 降低標記標籤成本的主動學習

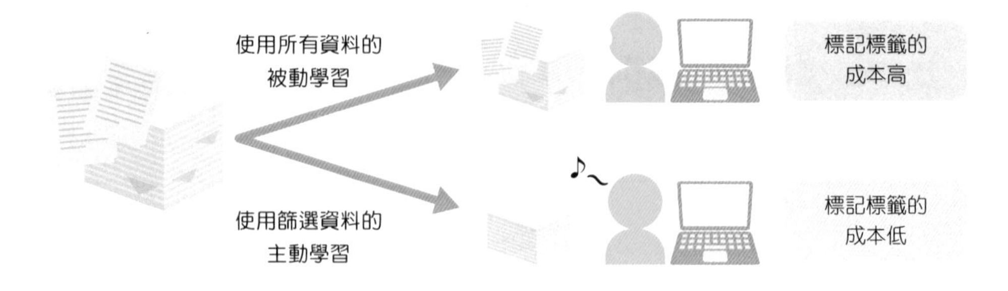

選擇標籤的基準

如同上述，想要有效率地作成訓練資料，必須從大量資料中嚴選應該附帶標籤的資料。然而，我們應該根據什麼基準來嚴選呢？

答案是：對**容易混淆的資料**標記標籤。比起大量明顯可區別的資料，對少數難以區別的資料標記標籤，更能提升學習的準確率。這道理可換成人類的學習來幫助理解。

在此基礎上，以 Section02 的 A 店派與 B 店派例子來說明。如下圖所示，除了 A 店派和 B 店派（附帶標籤資料）的分布，假設還有不曉得是哪家店派（未帶標籤資料）的分布。下圖左是僅根據附帶標籤資料畫出派別邊界，想要有效率地提升邊界的準確率，可從派別不明的家庭中，選擇最容易混淆（非常接近邊界）的家庭，詢問他們家屬於哪個派別（標記標籤）。選擇明顯能夠區別的家庭（一看就知道靠近 A 店或者 B 店的家庭）標記標籤，提升不了多少邊界的準確率。

■ 訓練資料是選擇「容易混淆」的資料標記標籤

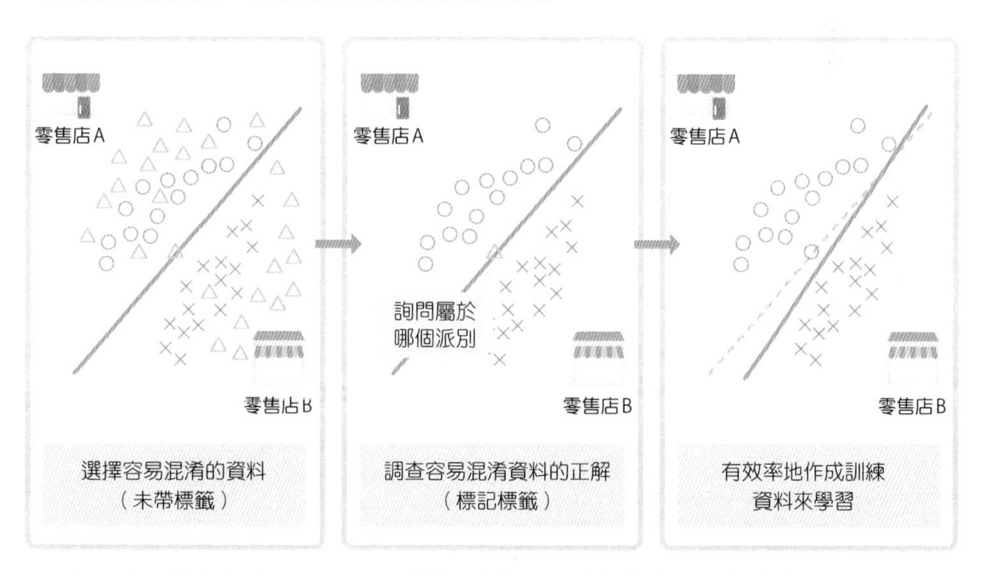

附帶標籤資料的製作方法

主動學習會使用「**學習者（learner）**」、「**判別者（oracle）**」、「**詢問（query）**」三個術語來表達，流程為進行學習的學習者向知曉資料正解標籤的判別者詢問正確答案。另外，學習者是機器學習系統、判別者是人類，進行詢問相當於標記標籤。

■ 三個術語

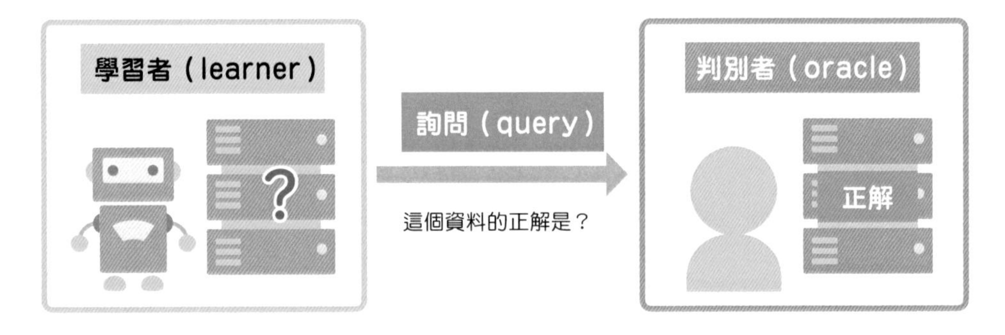

瞭解流程後，下面來看三個實際標記容易混淆資料時的代表手法。

（1）Membership Query Synthesis

自行生成容易混淆的資料後，再詢問判別者的方法。比如，手寫數字圖像辨識的 1 和 7 相似，因此形成看起來像 1 又像 7 的手寫數字，並詢問判別者正解標籤。

（2）Stream-Based Selective Sampling

擷取 1 個尚未標記標籤的資料，若該資料容易混淆則詢問正解標籤；若不需要詢問的資料則捨棄。

（3）Pool-Based Samping

對大量未帶標籤的資料計算所有的容易混淆程度，詢問當中最有助於學習的資料正解標籤。

■ 附帶標籤資料的製作方法

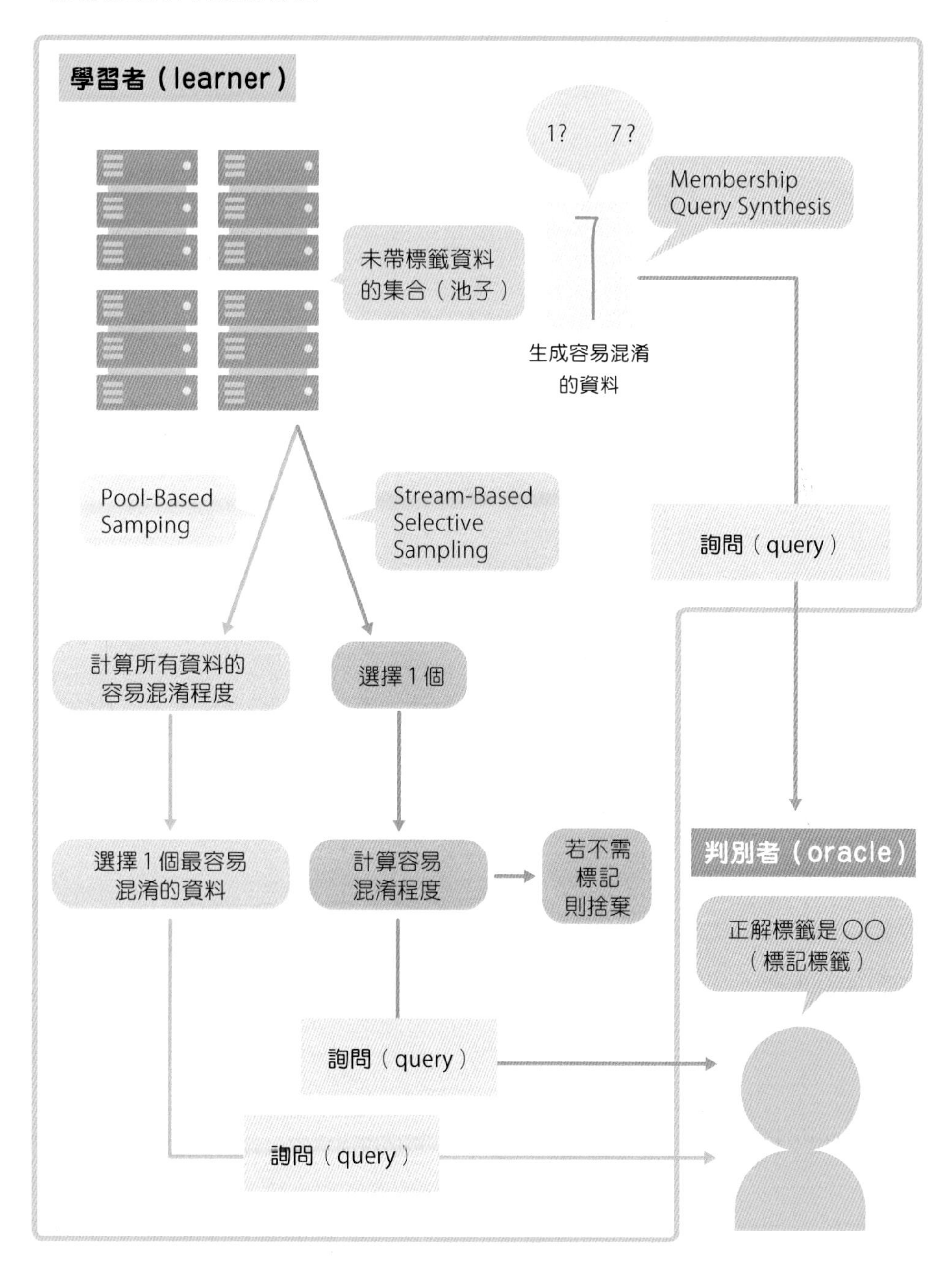

21 相關與因果

從資料容易導出相關關係，但卻難以找出因果關係。在使用資料的機器學習中，我們必須明確區別兩者。在這節，除了闡述兩者的差異之外，也會解說從資料分析因果關係的手法。

相關關係與因果關係

首先，我們先來瞭解相關關係。相關關係是指，「某變數變大時，其他變數也跟著變大」、「某變數變小時，其他變數也跟著變小」的關係，前者稱為正相關關係，後者稱為負相關關係。比如，個子高的人通常比較重，可說身高與體重呈現正相關。而因果關係是指，「某變數改變時，其他變數也跟著變化」的關係。需要注意的是：相關關係和因果關係是不同的概念。在「個子高的人比較重」的相關關係中，「個子長高後，體重會跟著變重」的因果關係或許是正確的，但「體重增加後，個子會跟著長高」的因果關係就不正確。體重增加但個子不變的話，就只是身材變胖而已。雖然統計學（或者機器學習）能夠分析資料的相關關係，但僅由相關關係無法得到因果關係的結論。

■ 相關關係與因果關係

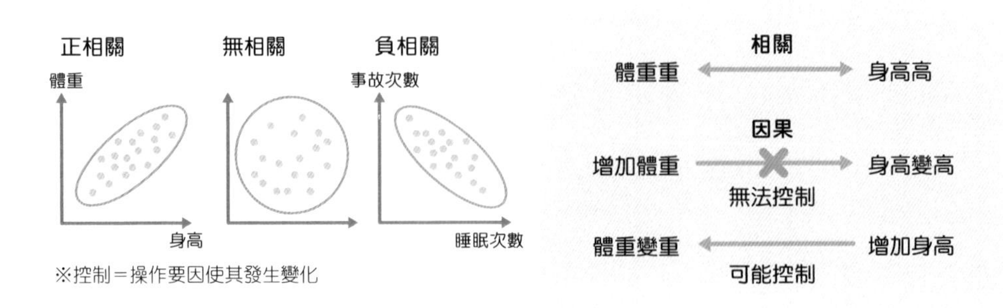

虛假相關

虛假相關（spurious correlation）是指「實際上無因果關係的元素之間，受到看不見的外部因素影響看起來具有因果關係」。這個看不見的外部要素，又可稱為「混雜變數」、「混雜因子」、「共變異數」。比如，「在盛行滑雪的時期，會有許多人購買暖氣機」的關係可說是虛假相關。其中，氣溫可以當作這個例子的混雜變數。若是氣溫寒冷，購買暖氣機的人應該會變多。然後，氣溫寒冷則積雪增厚，從事滑雪的人也會變多。除此之外，「小學生的算術分數與 50 公尺跑步成績」的關係，也很有可能是虛假相關。此時，學年是混雜變數，學年升高後算術能力自然比較強，且能夠以較短的時間跑完 50 公尺。

不過，「增加滑雪人口的話，暖氣機的需求就會上升」、「提升算術分數的話，50 公尺跑步成績就會變好」像這樣強硬連結因果關係，反而會迷失本質。

■ 虛假相關

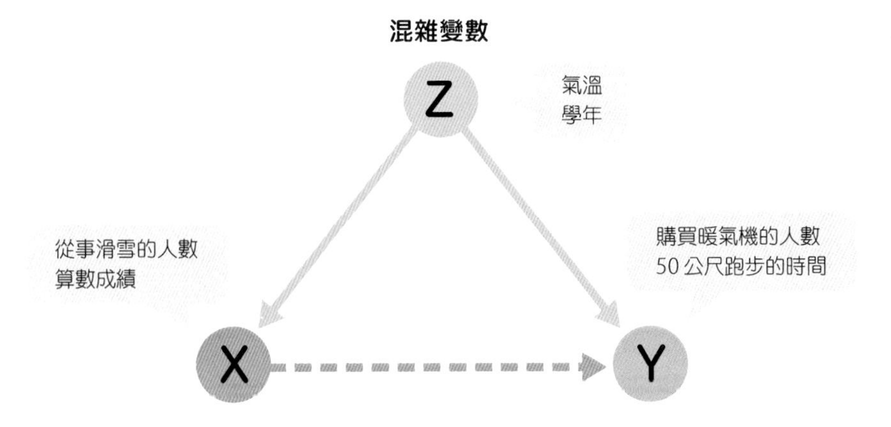

不被虛假相關所騙的因果分析法

在對資料進行因果分析時，可遵循如下表的準則來分析資料，判斷被當作原因的事物（“原因”）和被當作結果的事物（“結果”）是否具有因果關係。這個準則主要用於生物學、醫學的研究，但許多部分也有助於機器學習、統計的資料分析。

實驗是從相關關係認清因果關係最確實的方法。主要的方法有**隨機對照試驗（randomized controlled trial）**，在醫療以外的領域多稱為 A ／ B 測試。比如，假設由某問卷調查的結果，可發現「有吃早餐」和「成績」間具有高度相關。為了得到「有吃早餐能夠提升成績」的結論，必須隨機區分成有吃早餐的群組（對照組）和沒有吃早餐的群組（實驗組），來進行成績是否有差異的實驗。另外，除了有沒有吃早餐，各群組的其他條件必須相同。這種僅改變“原因”的有無來觀測“結果”的實驗，就是隨機對照試驗。

■ 因果分析的準則

1	強固性（Strength）	可由數值（統計）瞭解“原因”和“結果”間具有高度相關。
2	一致性（Consistency）	即便改變觀察對象、驗證手法等條件，分析結果仍舊一致。
3	特異性（Specificity）	“原因”以外的要素與“結果”的關係、“結果”以外的要素與“原因”的關係不密切，僅“原因”和“結果”明顯高度相關。
4	時序性（Temporality）	先有“原因”後有“結果”。
5	劑量反應關係（Dose-response relation）	“原因”的數值愈大，“結果”的數值也會跟著愈大。
6	合理性（Plausibility）	符合各個領域（比如生物學、醫學）的常識。
7	同調性（Coherence）	與過去的見解沒有矛盾。
8	實驗性（Experiment）	存在支持該關聯性的實驗研究（比如動物實驗）。
9	類比性（Analogy）	與其他已經確立的因果關係類似。

資料來源：Hill, Austin Bradford (1965). "The Environment and Disease: Association or Causation?". Proceedingsof the Royal Society of Medicine. 58 (5): 295–300. PMC1898525. PMID 14283879

遇到難以實驗的情況時，可使用當下擁有的資料進行近似實驗的分析（準實驗）。**斷點迴歸設計（Regression Discontinuity Design）**就是其中一種分析手法，利用邊界附近除了“原因”以外，其他要素幾乎相同的特性，重現與僅改變“原因”觀察“結果”的隨機對照試驗相同的情況。橫軸為年齡、縱軸為門診患者數的對數，可看出以 70 歲為邊界醫院的門診患者數暴增。另外，超過 70 歲後，醫療費的自己負擔比率從 3 成降為 2 成。其他要素在 70 前後幾乎相同，所以能夠觀察僅改變自己負擔比率（“原因”）的門診病患數（“結果”）變化。

類似的手法還有中斷時序設計（interrupted time series design）。這個手法是利用時序資料以時間為橫軸，有效觀察以某時刻為邊界“原因”變動時的變化（比如，增加消費稅對消費行為的影響）。

■ 迴歸分析設計

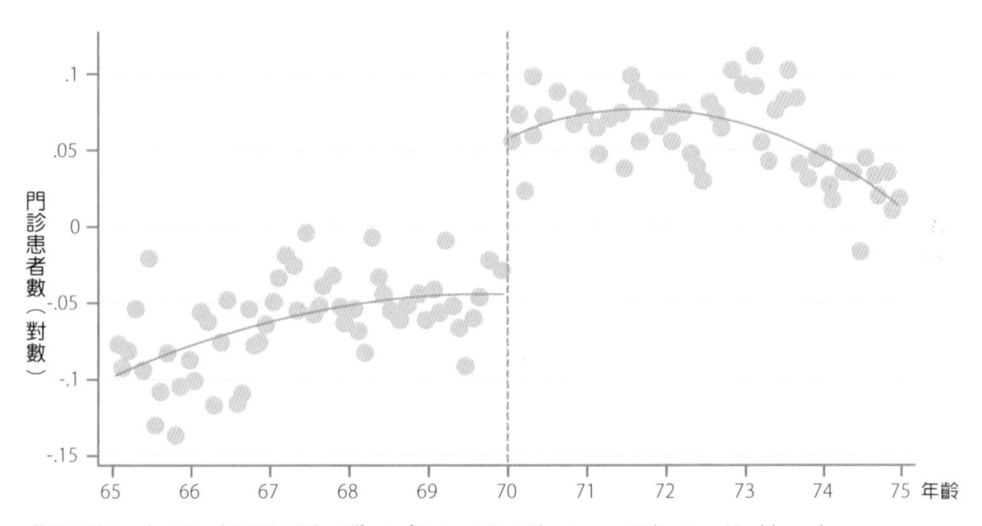

參照：Shigeoka, Hitoshi. 2014. "The Effect of Patient Cost Sharing on Utilization, Health, and Risk Protection." American Economic Review, 104 (7): 2152-84.

總結

- **分開討論相關與因果，選擇適當的手法。**

22 反饋迴圈

在機器學習系統上必須注意的重點是：我們無法完全控制系統的行為。隨時更新模型的系統可能發生反饋迴圈，做出預料之外的動作。

機器學習系統的漏洞

在使用機器學習的系統上，存在著巨大的漏洞——**僅由程式碼的編寫方式無法制約系統的行為**。只要機器學習需要資料，系統的行為就會強烈依存資料。因此，若是模型學習了含有錯誤的資料，模型就有可能輸出預料之外的結果。另外，在機器學習系統中，經常會碰到變更當中某個要素後，其他要素也全部跟著改變（Changing Anything Changes Everything：CACE），也就是「魚與熊掌不可兼得」的問題。比如，假設要製作由壽司圖像判別使用哪種食材的模型，遇到對特定食材（鮪魚）的判別不準確時，會擺弄機器學習模型的參數、追加鮪魚的圖像資料。然而，即便這樣做提升了對鮪魚的判別準確率，也無法確保對其他食材的判別準確率不變，模型十分有可能變得難以判別其他食材。機器學習的模型好比不曉得內部情況的黑箱，我們有必要監視其行為。

■ Changing Anything Changes Everything

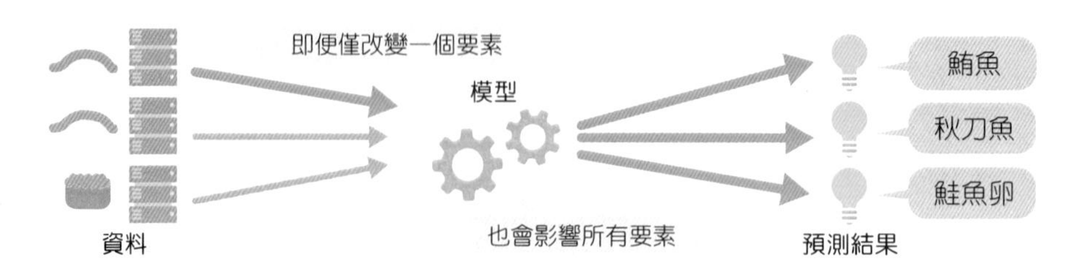

反饋迴圈

根據被觀測的最新資料，隨時更新模型的機器學習系統，有時難以在系統開始使用之前預測其行為，我們尤其需要注意反饋迴圈（feedback loop）。所謂的**反饋迴圈**是指系統的行為改變了環境，該環境進而影響下一個觀測資料的現象。

此時，若系統的行為變化劇烈、頻繁發生，相對容易偵測出行為的變化。但是，若系統的行為變化緩和、模型的更新頻率低下，可能會很晚才注意到行為發生變化。

關於直接的反饋迴圈，可舉預測性警務（predictive policing）為例。預測性警務是指，讓模型學習過去的犯罪資料，預測經常發生犯罪的地點來重點巡邏。由於警察重點巡邏可能發生犯罪的場所，造成該場所的逮補件數增多，結果進一步累積犯罪資料，更加強化該處的警力配置。這正是確認偏誤（confirmation bias：僅蒐集證實假說的資訊，卻不蒐集反例的傾向）的自動化。

■ 直接的反饋迴圈

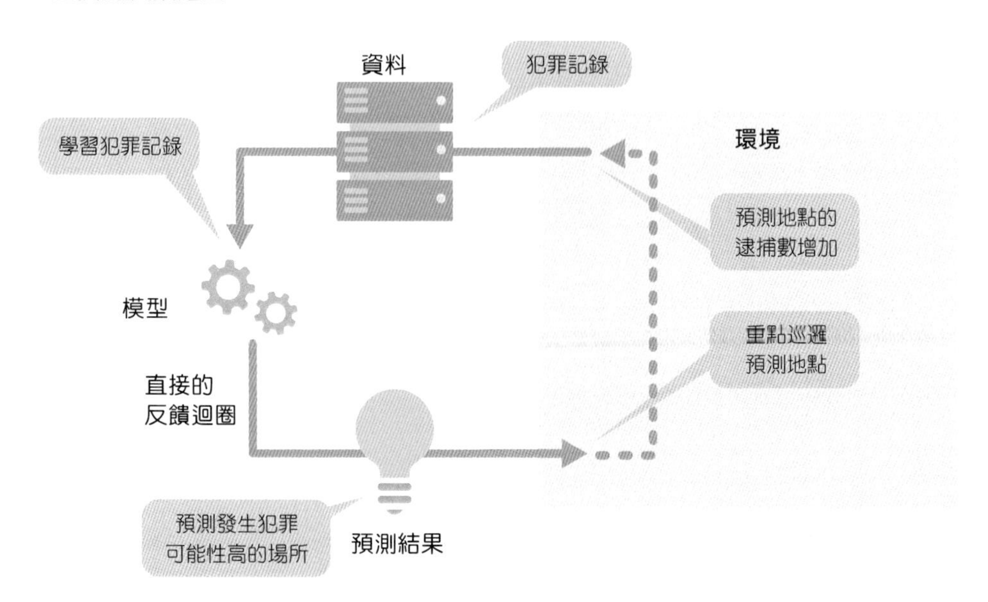

隱藏的反饋迴圈

比直接的反饋迴圈更棘手的是看不見的間接反饋迴圈。這被稱為**隱藏的反饋迴圈**，發生於獨立的複數機器學習系統之間。

假設證券公司 A 和 B 分別使用機器學習製作了交易系統，兩交易系統都是學習最新的交易資料，隨時更新模型。然而，證券公司A的系統存在缺陷，做出對自身系統不利、對其他系統有利的交易。結果，證券公司 B 的系統學到原本不會發生的交易資料，也跟著做出預料之外的交易。進一步地，公司 A 的系統學習該交易資料，又再次做出預料之外的交易。如同上述，儘管系統彼此獨立，也可能經由自身影響環境、接收來自環境的影響，而發生間接的反饋迴圈。

■ 隱藏的反饋迴圈

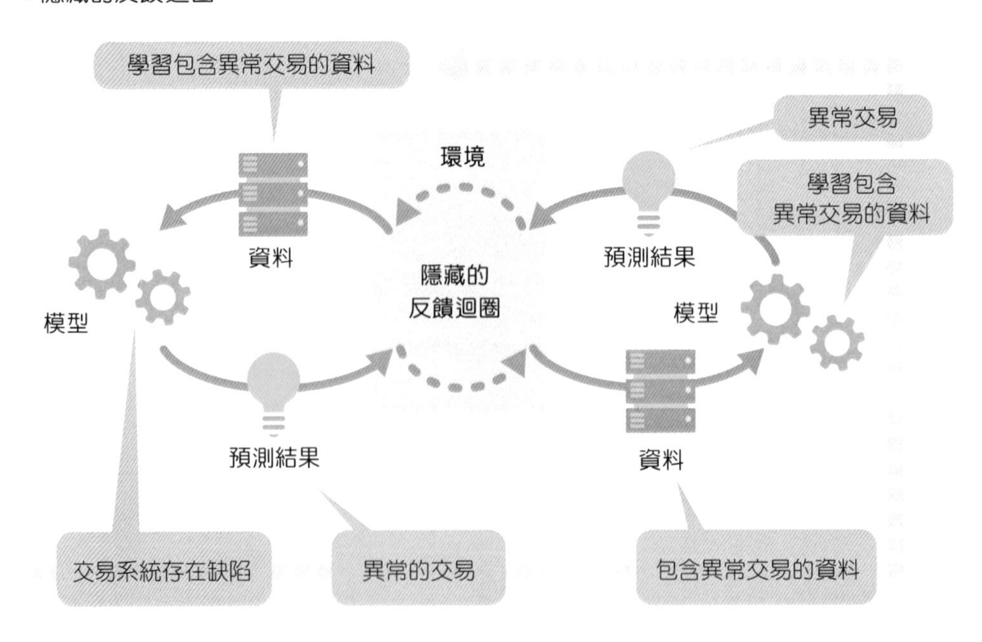

總結 ▶ 小心注意系統的行為變化。

4章

機器學習的演算法

從本章開始，會概略解說機器學習現場常用的演算法與其原理，雖然無法避免用到數學知識，但仔細一看會發現大多是簡單的思維，一起好好玩味一番吧！

23 迴歸分析

迴歸可想成是「畫出最擬合資料的直線」，下面會介紹簡單迴歸、多重迴歸、多項式迴歸、穩健迴歸等相關手法。

簡單迴歸與最小平方法

簡單迴歸（single regression）是以直線表達 1 個原因和 1 個結果的關係。比如，討論彈簧掛上重鎚（重量 x）量測彈簧長度（y）的實驗，作為原因的重量 x 為自變數（解釋變數）、作為結果的彈簧長度 y 為應變數（目標變數），在關係圖上以點 (x,y) 表示實驗結果得到的資料。數學式 y ＝○ x ＋△在圖上為斜率（係數）○、截距△的直線，只要畫出最擬合資料點的直線，就能求出最佳的 ○ 和 △。

「最擬合資料點」意為直線與資料的誤差總和最小。假設彈簧伸長為 20.5 公分、原長度為 20 公分，則誤差為（y 的實測值）－（y 的理論值）＝ 20.5 － 20 ＝＋ 0.5。實測值為 19.8 公分的話，誤差會是－ 0.2。然而，直接相加各個誤差的話，誤差的正負會彼此抵銷。因此，這邊會以誤差的平方和作為「誤差總和」，以便進行數學處理。如同上述，用來計算誤差總和的算式稱為誤差函數（損失函數），最小化誤差平方和的方法稱為最小平方法。

■ 簡單迴歸

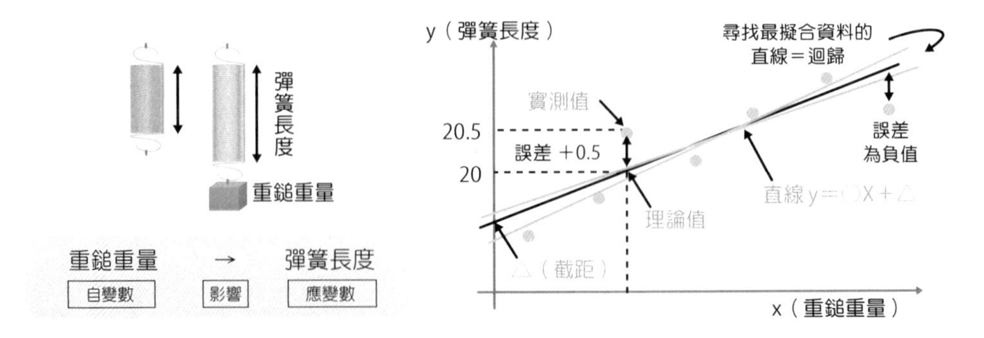

多重迴歸

與簡單迴歸不同，當存在複數個原因（自變數）時，會採用**多重迴歸**。比如，影響零售店營收的自變數，可能有店鋪面積、與車站的距離、停車場大小、員工人數等等。假設這些自變數為 x_1、x_2、x_3、⋯，則對數學式 $y = ○x_1 + △x_2 + □x_3 + \cdots + ●$，尋求最佳係數○、△、□、⋯、●的就是多重迴歸。這條數學式在圖形上是平面，係數可想成對自變數的「影響的重要程度」——權重（weight），有時會直接記為 w。此時，我們需要留意**多重共線性（multicollinearity）**。比如，將降水量與降水日等兩高度相關的變數，同時當作自變數進行多重迴歸，會無法正確地迴歸分析。為了避免多重共線性，當遇到高度相關的變數組合時，必須除去其中一方。

■ 多重迴歸

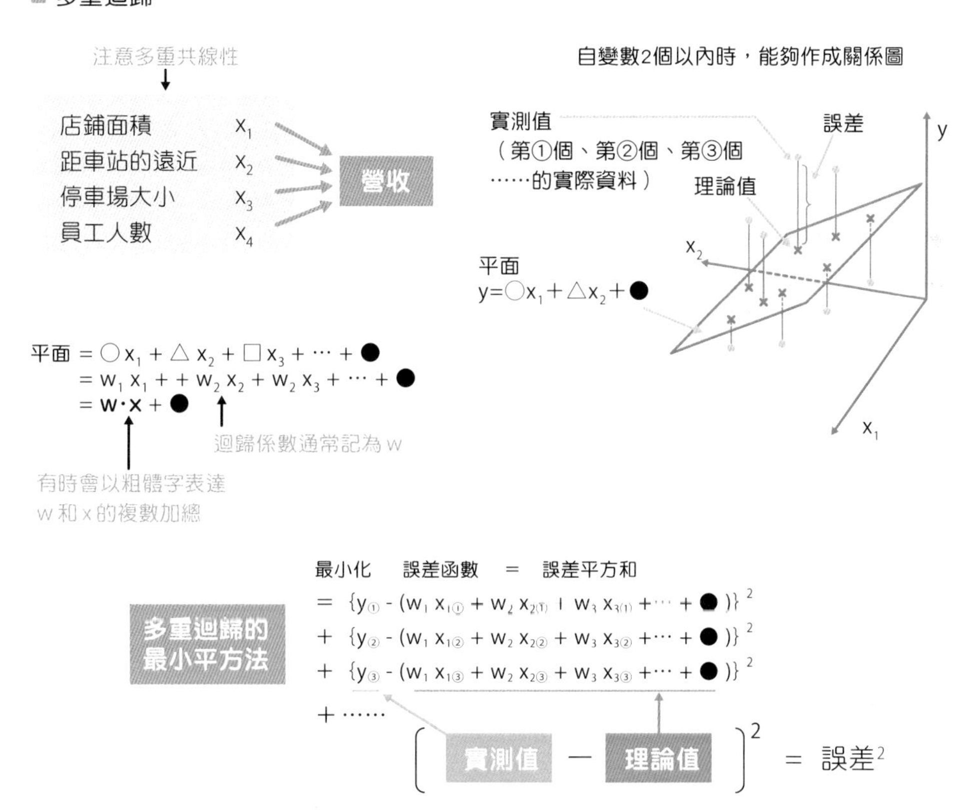

多項式迴歸

如果關係可能不為直線的話，則需要討論自變數的平方、3 次方、⋯。對數學式 $y = \bigcirc x^1 + \triangle x^2 + \square x^3 + \cdots + \bullet$，尋求最佳係數○、△、□、⋯、●的就是**多項式迴歸**。此時，數學式的最大乘方數稱為最高次數。雖然增加最高次數能夠表達更為複雜的曲線，但需要注意迴歸結果的曲線會變得不穩定。下圖將最高次數增加到 300，結果曲線不穩定且發生過擬合現象。

■ 多項式迴歸

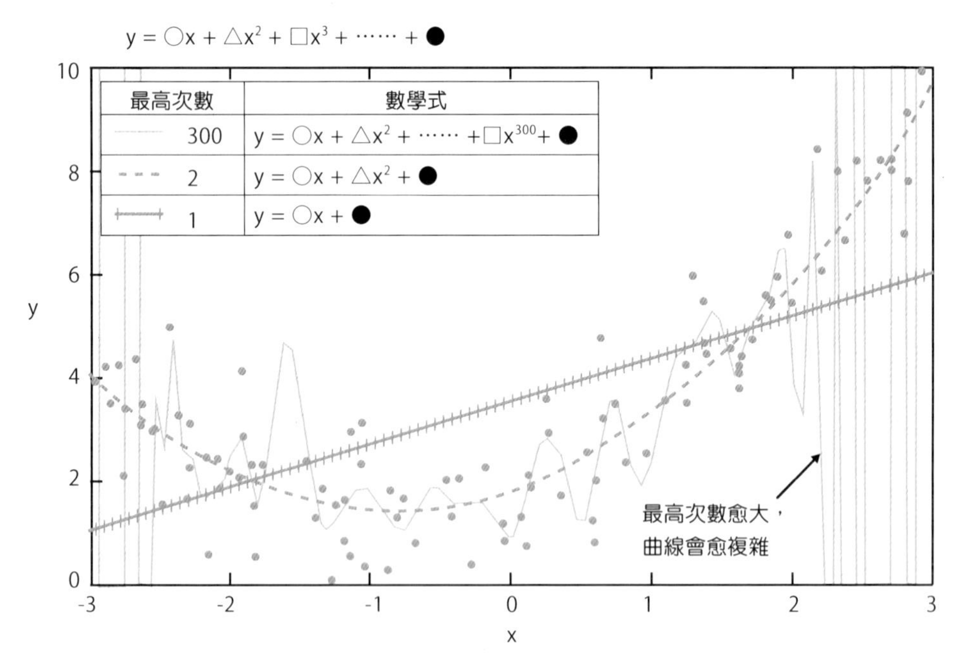

圖形改自 Géron, Aurélien. Hands-on machine learning with Scikit-Learn and TensorFlow : concepts, tools, and techniques to build intelligent systems. Sebastopol, CA: O'Reilly Media, 2017. 的 Figure 4-14

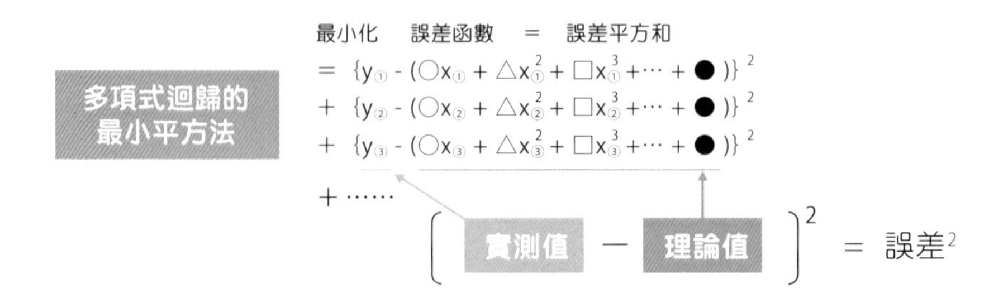

穩健迴歸

最小平方法的缺點是，當存在離群值（大幅偏離其他資料的數值）時，可能發生迴歸結果不甚理想的情況。最小平方法是計算誤差的平方，大誤差會對誤差函數造成巨大的影響。因此，為了減少離群值的影響，我們會使用**穩健迴歸（robust regression）**。

在穩健迴歸中，具代表性的方法有 **RANSAC（隨機抽樣一致法：Random Sample Consensus）**。RANSAC 是反覆隨機擷取資料迴歸分析，計算正常值的資料比率，以正常值比率最高的直線作為迴歸直線。除此之外，還有利用 Theil-Sen 估算（Theil-Sen estimator）、Huber 損失的迴歸方法。

■ 穩健迴歸與其具體手法

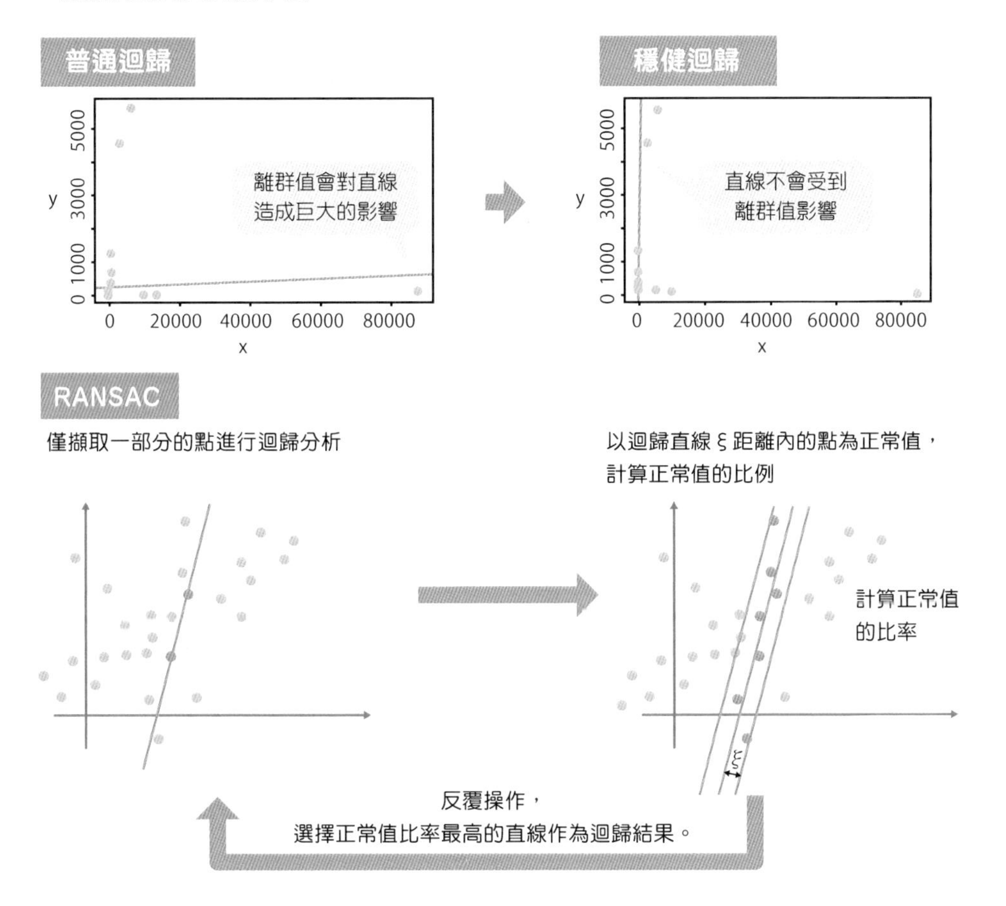

抑制過擬合的正規化

前面曾提到，如果多重迴歸存在高度相關的自變數組合，會無法做正確的迴歸分析。即便有許多要素會帶來影響，也不可以什麼都當作自變數。另外，在多項式迴歸，當自變數的最高次數從 1 次方、2 次方、…提高到 300 次方，迴歸結果的曲線會變得不穩定。上述兩者皆是自變數的選法不恰當所導致的現象。在單純的最小平方法中，選錯變數容易造成迴歸係數 ○、△、□、…變得非常龐大。當迴歸係數非常大時，只要自變數 x 稍微有一點變化，就會對預測結果帶來莫大的影響。為了防止這般情況，需要導入**懲罰項**（**正規化項**）。所謂的懲罰項，是指「因迴歸係數變大而給予處罰的項目」。

單純的最小平方法是以誤差平方和為誤差函數來做最小化。自變數的選法不恰當時，單純的最小平方法會讓迴歸係數逐漸變大，但這可藉由懲罰項來抑制。具體來說，以誤差平方和＋懲罰項為誤差函數，再以最小平方法來最小化誤差函數（正規化最小平方法）。由於迴歸係數愈大、懲罰項也愈大，正規化最小平方法能夠盡可能抑制誤差，讓迴歸函數不會過度膨脹，藉此穩定預測的結果。

■ 正規化最小平方法

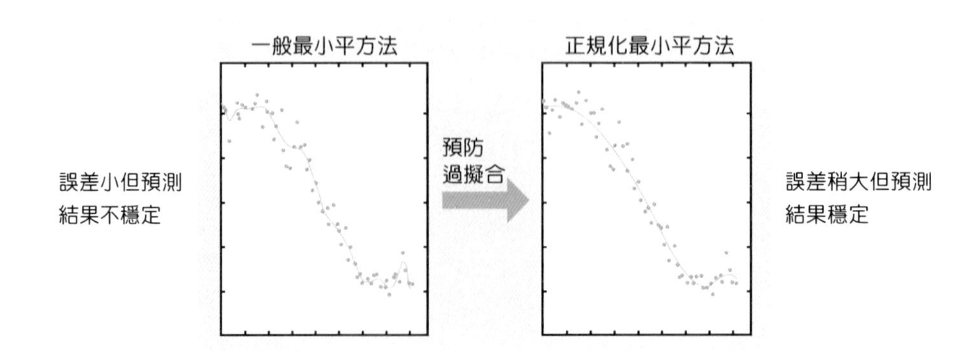

懲罰項的製作方法可粗略分為兩種：一種是以迴歸係數的絕對值和為基準的正規化（**L1 正規化**），另一種是以迴歸係數的平方和為基準的正規化（**L2 正規化**）。使用 L1 正規化進行迴歸時，不甚重要的迴歸係數會變成零。因此，迴歸分析僅會用到真正必要的變數，而且人類能夠馬上看出「哪個函數重要？」。另一方面，L2 正規化最小化誤差函數的計算比 L1 正規化簡單，但迴歸係數幾乎不會變成零。一般來說，L2 正規化的預測性能比較高。

在線性迴歸，使用 L1 正規化的迴歸稱為**套索迴歸**（**Lasso Regression**）；使用 L2 正規化的迴歸稱為**嶺迴歸**（**Ridge Regression**）；同時使用 L1、L2 正規化的迴歸稱為**彈性網路迴歸**（**Elastic Net Regression**）。另外，類神經網路（參見 Section34）也會用 L1 正規化、L2 正規化來抑制過擬合。

L1 正規化與 L2 正規化

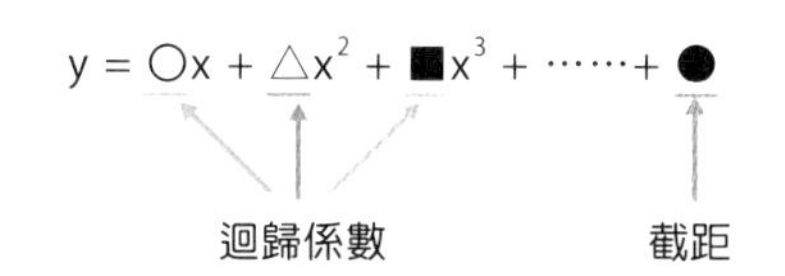

例：$y = x + 2x^2 - 3x^3 + 4$
的迴歸係數為 1、2、-3 ；截距為 4

在線性迴歸
套索迴歸：L1 正規化
嶺迴歸：L2 正規化

L1正規化

- 以迴歸係數的絕對值和為基準
- 不使用多餘的變數

例：$|1| + |2| + |-3| = 1 + 2 + 3 = 6$

L2正規化

- 以迴歸係數的平方和為基準
- 最小化的計算簡單

例：$1^2 + 2^2 + (-3)^2 = 1 + 4 + 9 = 14$

總結

- **迴歸分析有簡單迴歸、多重迴歸、多項式迴歸等。**
- **穩定迴歸可有效處理離群值多的資料。**
- **正規化可抑制過擬合現象（嶺迴歸、套索迴歸等）。**

24 支援向量機

支援向量機能夠畫出最能分隔資料的邊界，此手法主要用於不採取深度學習的機器學習。我們也可使用核方法畫出曲線邊界。

何謂支援向量機？

支援向量機（Support Vector Machine；以下簡稱 **SVM**）是指，監督式學習中進行迴歸、分類、偵測離群值的方法之一。

其實，SVM 的思維在前面已經學過。Section02 以兩店舖的派別分類為例，解說分類是畫出最能分隔資料點的邊界，這正是 SVM 的思維。

在機器學習的手法中，自變數經常被稱為輸入或者特徵量。所謂的特徵量，是指「充分描述資料特徵的量」。另外，作為結果的應變數（目標變數）則被稱為輸出。

支援向量（**Vector**）是指最接近邊界的資料點。為了預防輸入新資料時錯誤判別，即便是接近邊界的資料，也要盡可能地遠離邊界。支援向量與邊界的距離稱為**邊距**（**margin**），SVM 的目標就是最大化這個邊距。當特徵量個數在 3 個以內時，SVM 能夠簡單地圖示說明，以點表示一個個資料。特徵量為 2 個時，邊界為二維平面上的直線；特徵量為 3 個時，邊界為三維空間上的平面。

另外，特徵量為 4 個以上時，必須討論四維度（以上的）空間才行，沒有辦法正確地圖示說明。這種存在於四維度以上空間的分類邊界，稱為**超平面**。

■ SVM

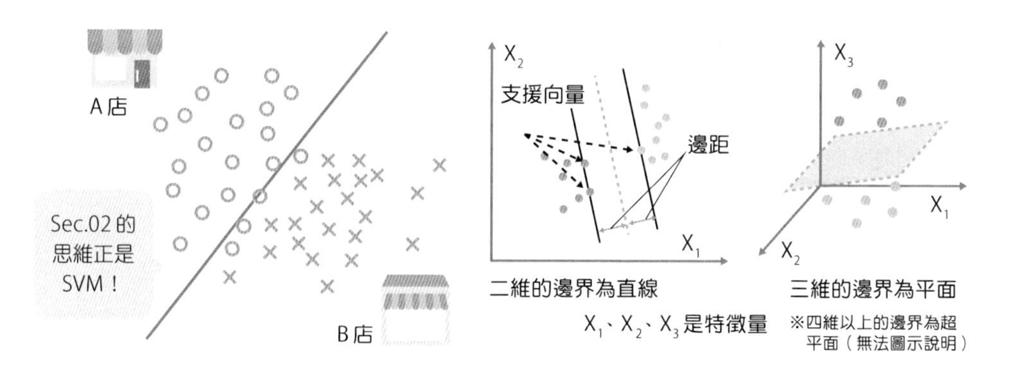

軟邊距 SVM

SVM 是以直線、平面、超平面為邊界來分離資料，這稱為**線性分離**。然而，在實際的資料中，能夠線性分離的情況並不多，可能遇到某雜訊造成環境不明瞭的情況，或者資料本身不為線性可分離的形式。此時，我們會使用**軟邊距 SVM** 和**核方法**。

軟邊距 SVM 是允許誤差、使用「可惜的」資料做出更好的線性分離。這跟過往的 SVM（硬邊距 SVM）不一樣，其特徵是允許資料接近（包含相反側的）邊距。不過，它會在資料接近邊距時給予懲罰，藉由同時最大化邊距與最小化懲罰，盡可能找出有效分離的邊界。由於資料通常都含有雜訊，實際的機器學習主要是使用軟邊距 SVM。

■ 軟邊距 SVM 的特長

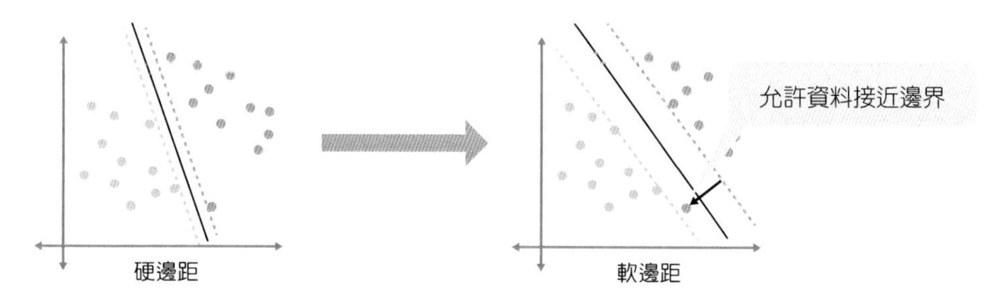

核方法

接著是**核方法**，它用於派別邊界為曲形（非直線）的情況。如果派別邊界是彎曲的，則必須從資料作出新的特徵量，繪製成能夠巧妙線性分離的圖形。此作業可用文字描述為「**映射至可線性分離的高維特徵空間**」。比如，假設有 A 店和 B 店的派別，盆地內為 A 店、盆地外為 B 店。此時，在以經緯度為特徵量的 2D 地圖上，A 店的派別會被 B 店的派別包圍，沒有辦法線性分離。然而，追加標高這個新的特徵量後，資料的點會從 2D 地圖映射至 3D 地圖，變成可線性分離派別。在討論實際的資料時，必須作出有別於資料中存在的特徵量，可巧妙線性分離的新特徵量。而指定製作方法的是高斯（RBF）核函數、多項式核函數等核函數。使用核函數減少運算量的工夫，稱為核技巧（Kernel Trick）。

■ 映射至可線性分離的高維特徵空間

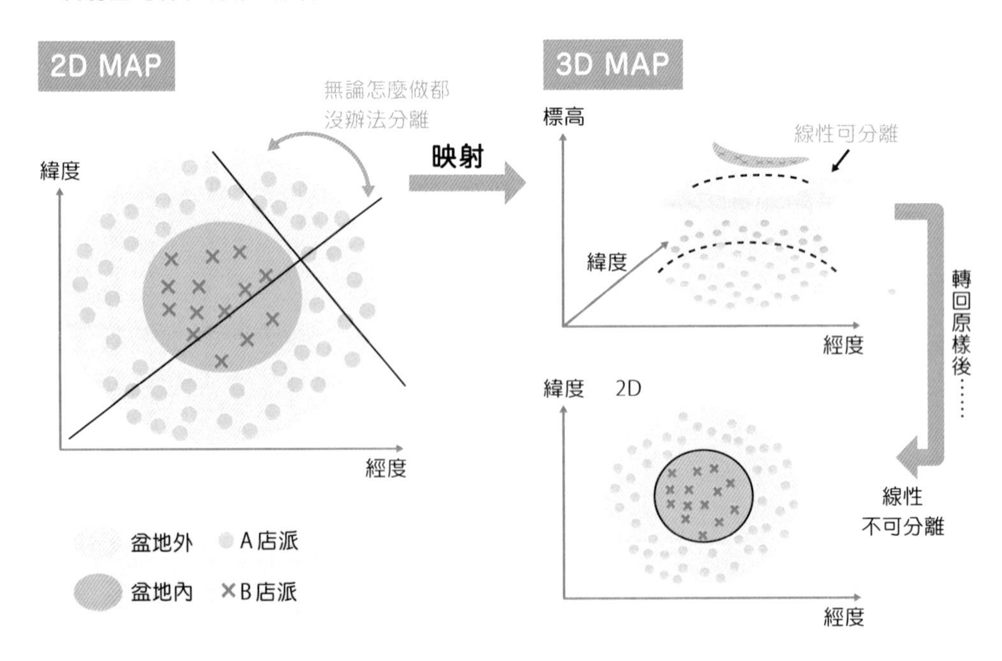

前面提到的 SVM 主要有 4 個的優點：① 能夠有效處理特徵量多的情況；② 能夠有效處理特徵量個數多於資料個數的情況；③ 在畫出直線、平面、超平面（將二維平面一般化至其他的維度）等邊界時，僅需要考慮邊界附近的點，所以即便資料數多也能夠節省記憶體；④ 由於能夠使用各種核函數，可獲得多樣的輸出結果。

同時，它也具有 3 個缺點：① 資料數多時，需要消耗許多運算時間；② 特徵量個數多於資料量個數時，可能因選擇的核函數造成過擬合；③ 基本上沒辦法輸出「屬於哪個派系的機率」。

除了分類之外，SVM 也會用於迴歸，利用 SVM 的迴歸稱為**支援向量迴歸（SVR）**。軟邊距 SVM 是同時最大化邊距和最小化懲罰，但若換成使用正規化最小平方法的迴歸會如何呢？答案是邊距的最大化就是懲罰項的最小化，懲罰的最小化相當於誤差的最小化。SVR 的特徵是將邊距內的誤差當作是 0，其餘的資料誤差是與邊距的距離。再則，在偵測離群值的應用上，還有以 SVM 決定正常值與異常值邊界的 One-Class SVM 手法。

SVM 的應用

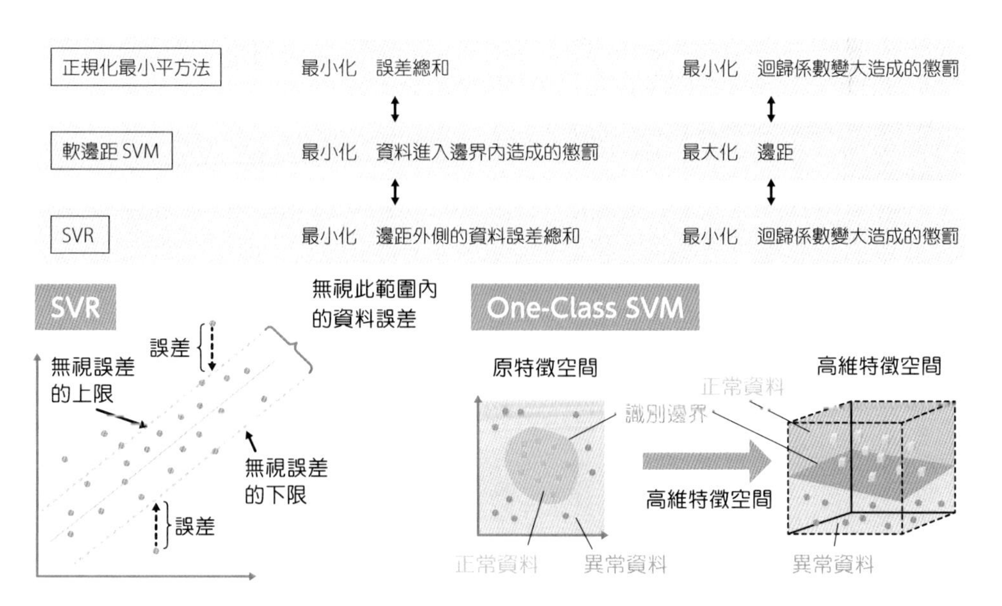

25 決策樹

決策樹是使用可以 Yes or No 回答的條件進行預測的方法。由於接近人類的思考程序，此方法得到的結果容易理解。

何謂決策樹？

在**決策樹**中，條件的部分稱為**節點（node）**；最上面的條件部分稱為根節點；表示決策樹分類的末節部分稱為葉節點。

決策樹是對特徵值本身定義條件，所以會得到「稜稜角角」的結果。比如，討論以溫濕度為特徵量，製作分類舒適與不舒適的決策樹。假設在氣溫 15 度～ 25 度、濕度 40%～ 60%時為舒適，其餘條件為不舒適，則決策樹與特徵量的關係圖如右頁的上圖所示。由於決策樹對特徵量值僅以「YES ／ NO」定義條件，所以關係圖只能在表示特徵量的軸上畫出垂直線（畫不出斜線）。因此，學習結果總是稜稜角角的。迴歸也是同樣的情況，輸出稜稜角角的結果（右頁的中間圖）。

■ 節點

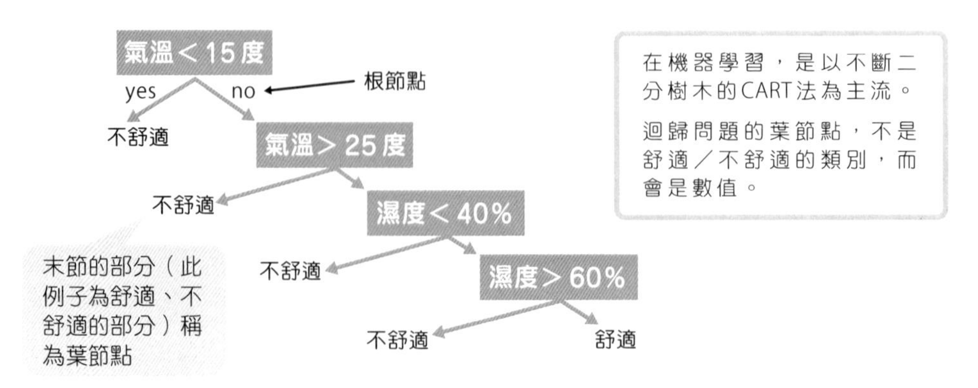

■ 「稜稜角角」的學習結果

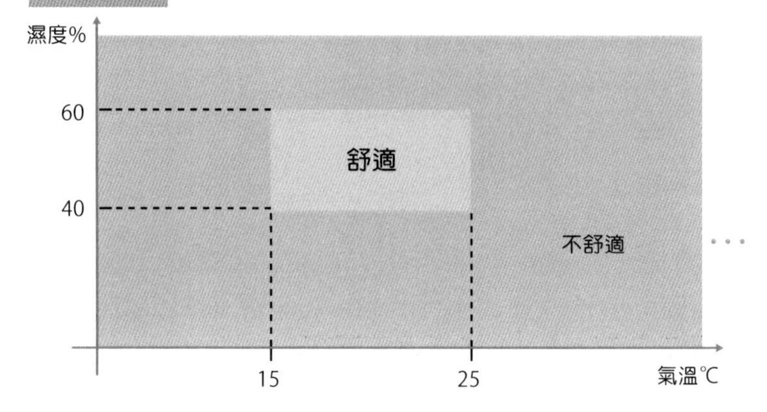

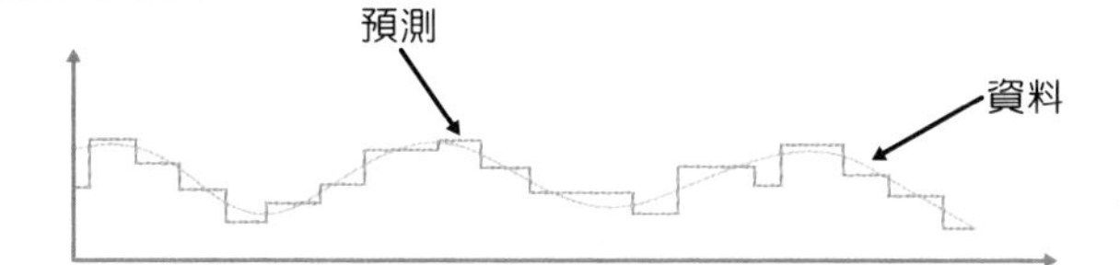

由於僅以垂直線組成，顯得稜稜角角。

我們再來確認一遍決策樹的優缺點。

■ 決策樹的優缺點

優點

- 能夠描述條件分歧的情況。
- → 容易理解、解釋學習結果，不像深度學習不曉得內部結構。
- 不太需要資料前處理。
- 即便資料數變多，僅需較少的運算量便能預測。
- → 適合用來處理大數據。
- 能夠使用數值資料與類別資料。
- 由於會進行統計檢測，能夠簡單確認預測模型的信賴性。

缺點

- 資料的條件分歧容易變得複雜，經常發生過擬合。
- → 需要設法防止過擬合。
- 資料稍微改變，就會輸出截然不同的決策樹。
- 輸出最佳決策樹的問題稱為 NP 完全問題，非常難以求解。現在是採取輸出近似解（還不錯的決策樹）的做法。
- 資料派別（類別）的比例必須平均。

※使用整體學習能夠改善許多決策樹的缺點。

劃分決策樹的基準

決策樹的學習是，以「劃分的簡潔程度」為基準反覆劃分資料。其中，資訊熵（information entropy）和吉尼不純度（Gini impurity）是用來描述「劃分的簡潔程度」的數值，兩者都是數值愈大，混雜愈多不純物；數值愈小（接近 0），整理得愈簡潔。另外，吉尼不純度肯定是小於 1 的數值。

那麼，下面來舉具體例子，假設我們想將 **148cm**、**157cm**、**158cm**、162cm、**164cm**、**168cm**、172cm、176cm、180cm、184cm（粗體為女性、細體為男性）的身高資料，劃分成某數值以下為女性、某數值以上為男性。直覺上來說，好像以 170cm 為基準就行了。

下表是「男女身高與劃分位置」的直列，以 148cm 到 184cm 中的某值為界劃分成兩個群組，某數值以下歸為女性群組、某數值以上歸為男性群組。如此劃分的同時，也在左右兩側列出劃分指標（資訊熵和吉尼不純度），並於最右側列出指標的加權平均。由於指標愈接近 0、劃分得愈簡潔，可知 168cm 以下為女性群組、172cm 以上為男性群組是最好的劃分方式。

全部資料數

左側的劃分				身高與劃分位置（粗體為女性、細體為男性）										右側的劃分				左右指標的加權平均	
人數		指標												人數		指標			
男	女	資料熵	吉尼不純度	**148**	**157**	**158**	162	**164**	**168**	172	176	180	184	男	女	資訊熵	吉尼不純度	資訊熵	吉尼不純度
5	5	1.000	0.500	劃分前														1.000	0.500
0	1	0.000	0.000											5	4	0.991	0.494	0.892	0.444
0	2	0.000	0.000											5	3	0.954	0.469	0.764	0.375
0	3	0.000	0.000											5	2	0.863	0.408	0.604	0.286
1	3	0.811	0.375											4	2	0.918	0.444	0.875	0.417
1	4	0.722	0.320											4	1	0.722	0.320	0.722	0.320
1	5	0.650	0.278											4	0	0.000	0.000	0.390	0.167
2	5	0.863	0.408											3	0	0.000	0.000	0.604	0.286
3	5	0.954	0.469											2	0	0.000	0.000	0.764	0.375
4	5	0.991	0.494											1	0	0.000	0.000	0.892	0.444

剪枝

決策樹不斷分歧下去，可減少進入葉節點的不純物，提升訓練資料的分類準確率。不過，這樣容易發生過擬合，所以決策樹的分歧必須「適當就好」。尤其，特徵數比較多時，劃分數也會變多，決策樹容易變得複雜。關於防止過擬合的簡單方法，可用限制劃分深度、設定劃分必要資料數的下限。

剪枝（pruning）是能夠有效防止決策樹過擬合的方法。常見的後剪枝（post-pruning）是先使用訓練資料刻意讓決策樹過擬合，再透過驗證資料修剪性能不好的決策樹分枝。這麼做能夠預防過擬合，提升預測能力。最為簡單的**REP（reduced error pruning）**是，如果修剪後準確率沒有惡化，則將節點置換成派別（類別）比率最高的葉節點。成本複雜度剪枝（cost-complexity pruning）是，一面注意不讓部分樹木的葉節點數（複雜度）變大，一面減少葉節點中的不純物（成本）。

■ 剪枝

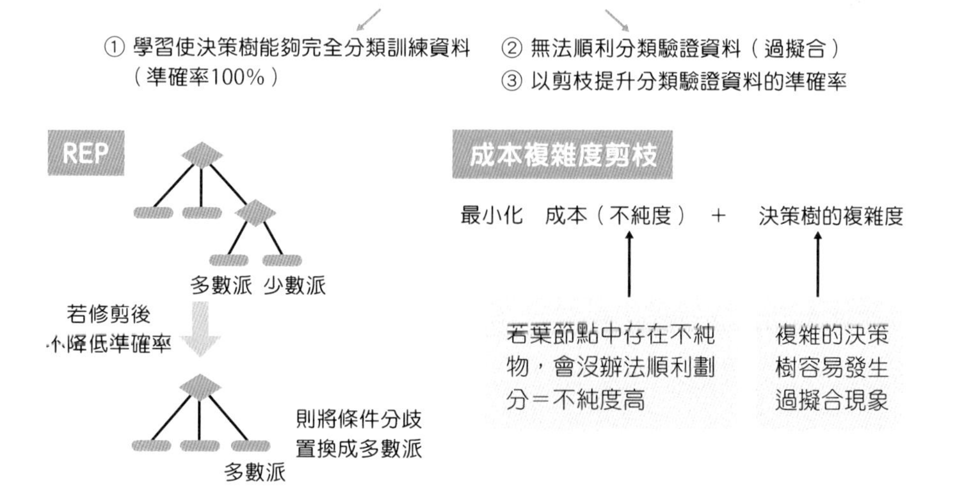

26 整體學習

整體學習是指組合複數學習器作成單一學習模型的方法。這就好比在機器學習上實踐「三個臭皮匠勝過一個諸葛亮」。

整體學習

整體學習（ensemble learning）不是製作單一高準確率的模型，而是透過組合眾多準確率低落的模型，來完成高準確率的模型。準確率低落的模型，通常是使用**弱學習器**進行學習。雖然弱學習器沒辦法學習複雜的模型，但學習速度快，能夠縮短訓練、預測所花費的時間。最為常用的學習器是上一節介紹的決策樹，但在整體學習中，會提早停止決策樹繼續分歧。雖然單一學習完成的決策樹是不正確的，但只要大量聚集「優於胡亂猜測」的決策樹，就能夠實現高準確率。

■ 整體學習

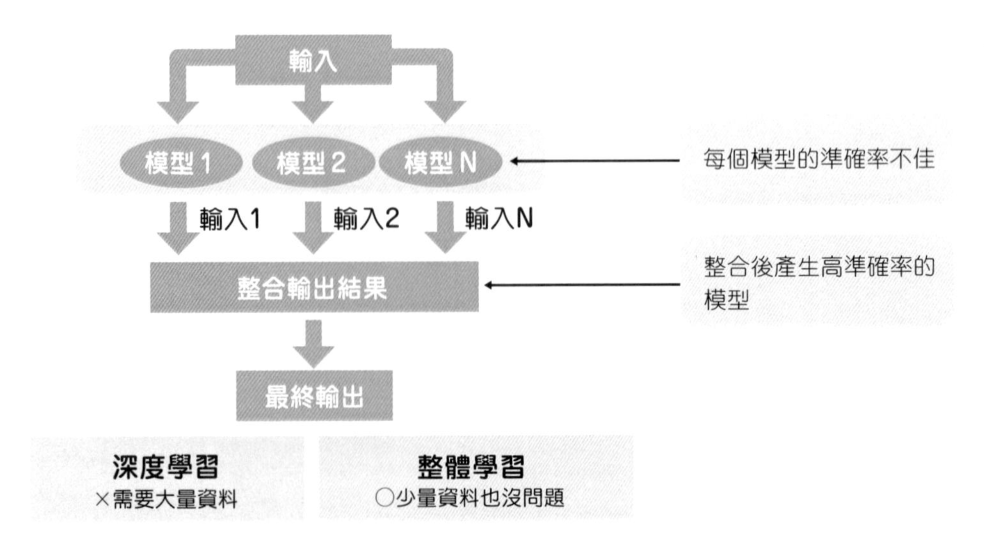

實現整體學習的三個方法

整體學習是，根據複數模型的預測結果，決定最終的預測結果。那麼，該怎麼決定最終的預測結果呢？第一個方法是「**多數決**」，主要用於分類的時候，以出現最多次的預測結果為最終結果；第二個方法是「**平均**」，用於計算迴歸、分類機率的時候，以預測結果的平均為最終結果；第三個方法是「**加權平均**」，可說是「平均」的延伸形式，在事前決定哪個預測結果重要，根據重要程度取平均的方法。在下面的例子，讓五個人預測評論網站上某部電影的評鑑，根據這些評鑑預測最終的整體評鑑。多數決的最終預測評鑑是 4；平均的最終預測評鑑是 4.4。最下面的表格是加權平均，由於 A 先生和 B 先生是熱愛電影的紛絲，擅長預測電影的評鑑，設定兩者的預測評鑑比較重要。此時，最終的預測評鑑是 4.41。

■ 三個方法

多數決

A先生	B先生	C先生	D先生	E先生	最終預測評鑑
5	4	5	4	4	4

平均

A先生	B先生	C先生	D先生	E先生	最終預測評鑑
5	4	5	4	4	4.4

加權平均

	A先生	B先生	C先生	D先生	E先生	最終預測評鑑
重要程度（權重）	0.23	0.23	0.18	0.18	0.18	
預測評鑑	5	4	5	4	4	4.41

裝袋法

整體學習可粗略分為兩種手法。

第一種是**裝袋法**（bagging：bootstrap aggregating），使用**自助重抽法**（bootstrap method）由全部資料生成複數組的訓練資料。所謂的自助重抽法，是指從母群體重複隨機抽取資料（抽出放回）的方法。對一組組訓練資料準備模型來學習，輸出複數預測結果來做最終的預測。雖然過擬合模型的預測結果包含雜訊（觀察誤差等）的影響，但經由隨機抽取複數生成訓練資料的學習後，受到雜訊影響的資料比較能夠作成迥異的模型。另外，透過使用複數的預測結果，能夠抵銷雜訊的影響、降低預測值的變異數（預測值的分散程度）。裝袋法作成複數模型後，能夠同時進行學習，藉此減少學習所花費的時間。順便一提，抽出不放回的方法稱為提升法。

■ 裝袋法

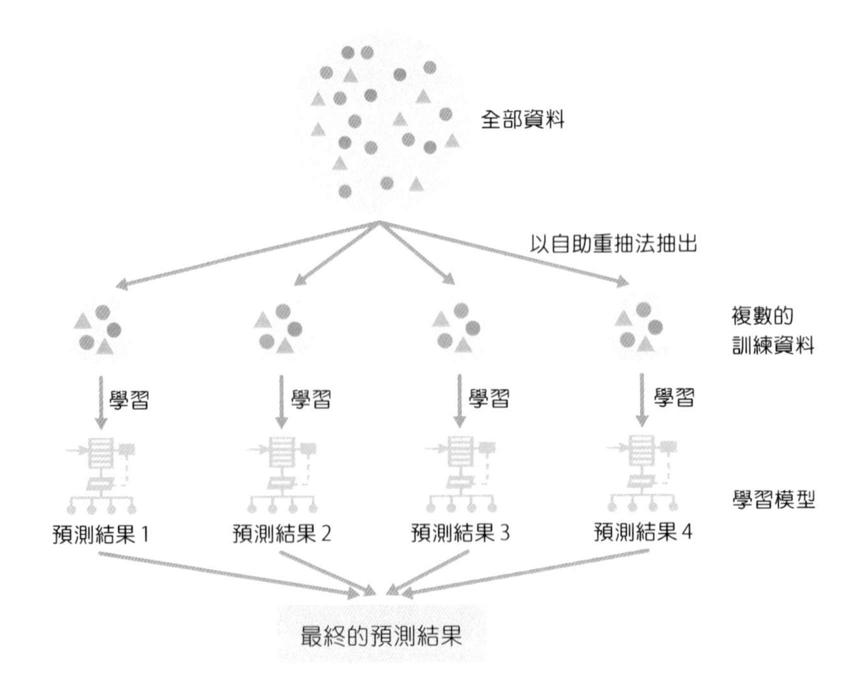

提升法

第二種是**提升法（boosting）**，（下面是說明 AdaBoost 手法）先讓第 1 個模型學習訓練資料，並比較預測結果與實際數值後，讓下一個模型重點學習學過的資料，使其能夠正確解答錯誤的部分。反覆讓後面的模型重點學習前面模型犯錯的資料，陸續生成模型，斟酌複數模型的預測結果來做最終的預測。裝袋法能夠平行處理每個模型的學習，而提升法是後面的模型運用前面模型的學習結果，無法平行處理，學習上比較耗費時間。前面解說的 AdaBoost 是分類成兩個類別，以相同技巧分類成三個類別的做法，稱為 SAMME（Stagewise Additive Modeling using a Multiclass Exponential loss function）。

■ 提升法

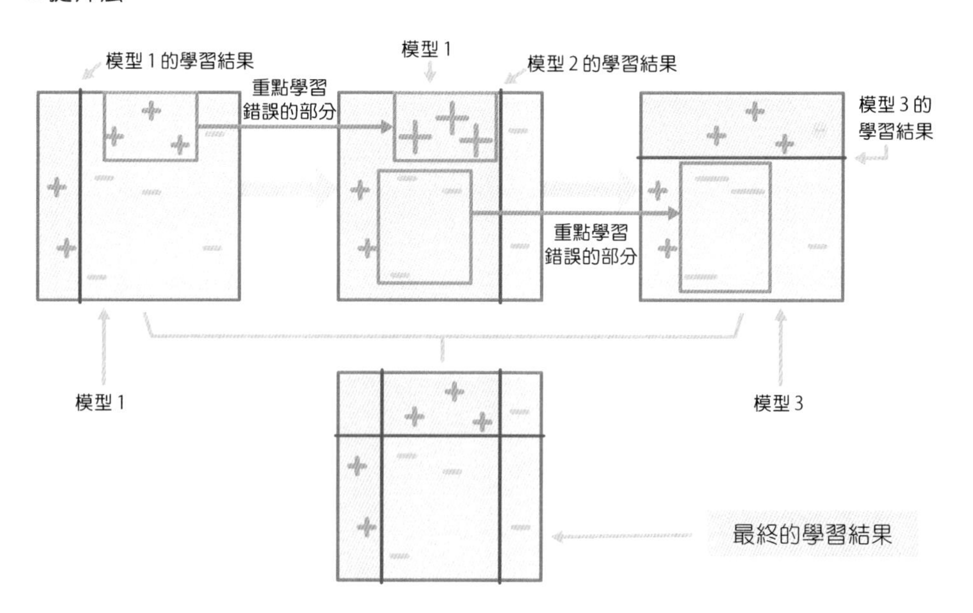

總結

- **整體學習主要分為裝袋法與提升法。**

27 整體學習的運用

上一節介紹了整體學習的技巧，而這節會舉例說明隨機森林、堆疊、梯度提升等的運用。

隨機森林

首先是**隨機森林（random forest）**，原理基本上跟裝袋法相同，但有一個點不一樣——分歧決策樹時使用的特徵量也是隨機抽出的。這是為了防止各決策樹產生相關關係（＝決策樹相似）。若存在會對預測結果造成強烈影響的特徵量，則該特徵量能夠用於許多決策樹的分歧，這可能造成許多決策樹相似，而無法提升預測準確率。另外，如果決策樹之間存在相關關係，不好的模型會給出相同的答案，這在採用多數決、平均的整體學習時會降低學習成果。

■ 隨機森林

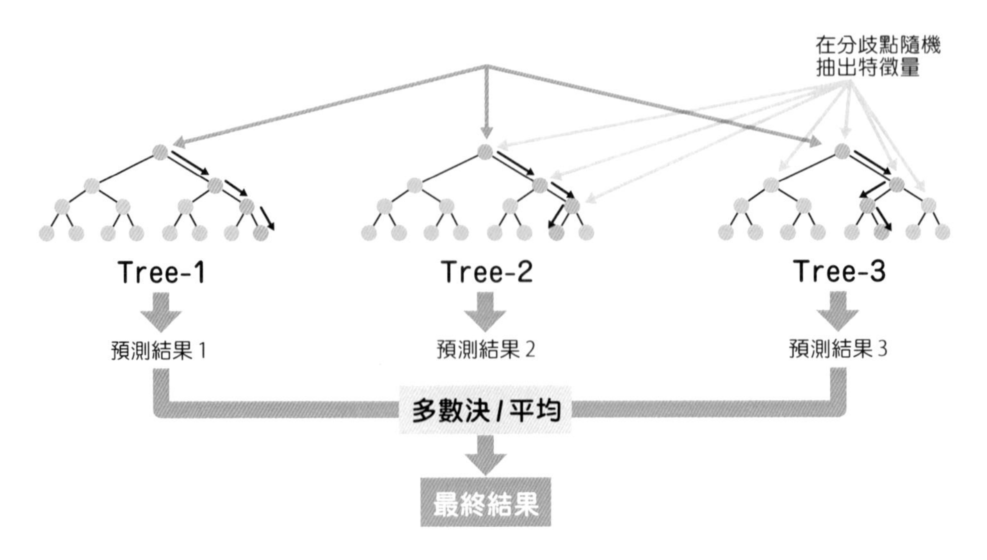

堆疊

堆疊（stacking）是指將學習分成兩個（以上）階段的方法。第一個階段與裝袋法相同，讓各模型（例：邏輯迴歸、隨機森林等）學習以自助重抽法取得的資料，並且輸出預測結果。接著，第二階段的學習是讓模型學習第一階段的預測結果。第三階段後的做法相同，讓模型學習上一階段的預測結果。由於第二階段以後的模型是學習前面的預測結果，所以是學習「上一階段哪個模型最恰當」，藉此有效調整資料偏頗的偏差和資料分散的變異數。若以身邊的例子來比喻，堆疊原理就好比複數人看著照片畫圖，再根據這些人的畫作進一步作畫的繪圖接力。

■ 堆疊

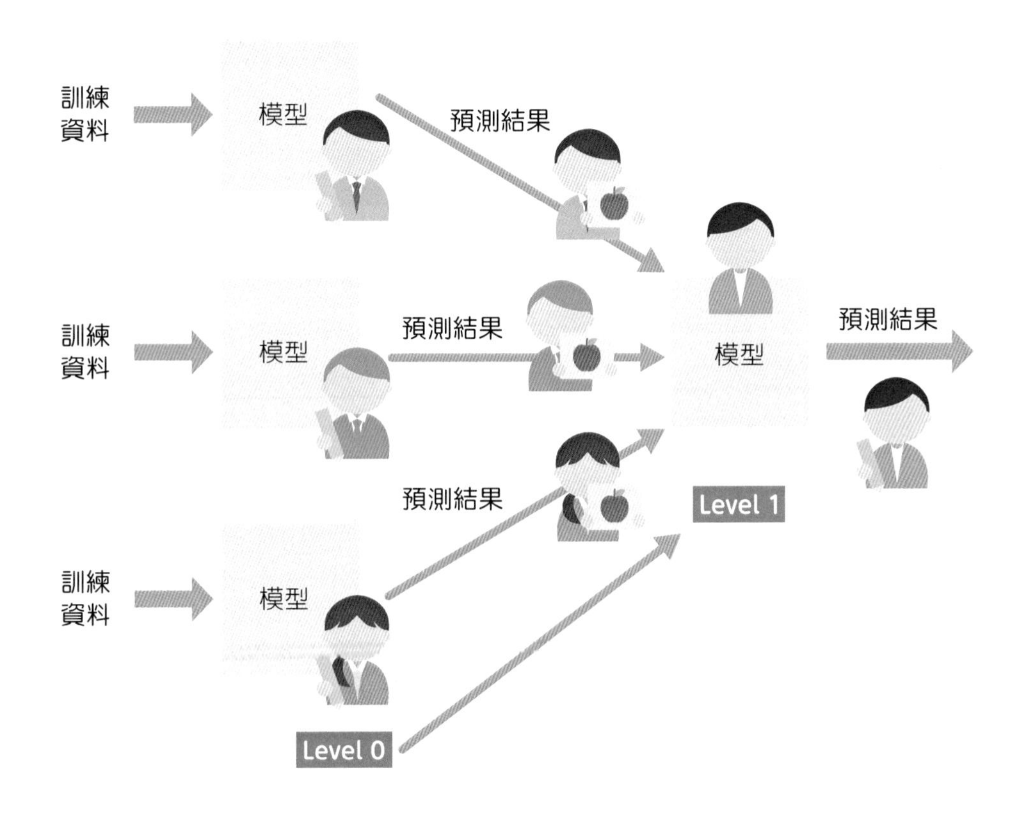

梯度提升

梯度提升（gradient boosting）是指利用決策樹進行第一次的預測，計算訓練集的正解資料與預測結果的誤差（殘差），以此為正解資料使用決策樹進行第二次的預測，計算預測結果與正解資料的誤差，再以此為正解資料使用決策樹反覆預測的方法。最後的預測結果會是，第一次的預測結果加上後面預測結果的常數倍。學習性能會因這個常數而改變，必須小心注意。

透過計算誤差，能夠瞭解前面模型學習結果的好壞。為了修正誤差，將誤差當作正解資料輸入新的決策樹預測，再將預測結果乘上常數倍後相加。如此一來，新的模型能夠彌補舊模型的缺點。

跟裝袋法不一樣，梯度提升法會消弭偏差，從欠擬合的狀態促進學習。雖然這樣有可能造成過擬合，但可透過調整決策樹的數目、深度來防止。

■ 梯度提升法與梯度下降法的比較

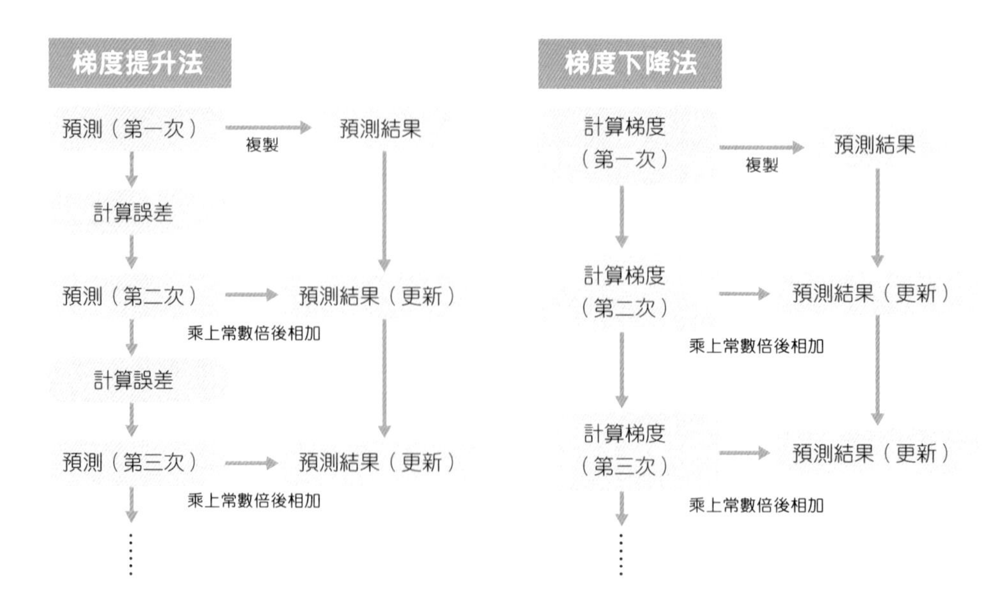

梯度提升法的意象

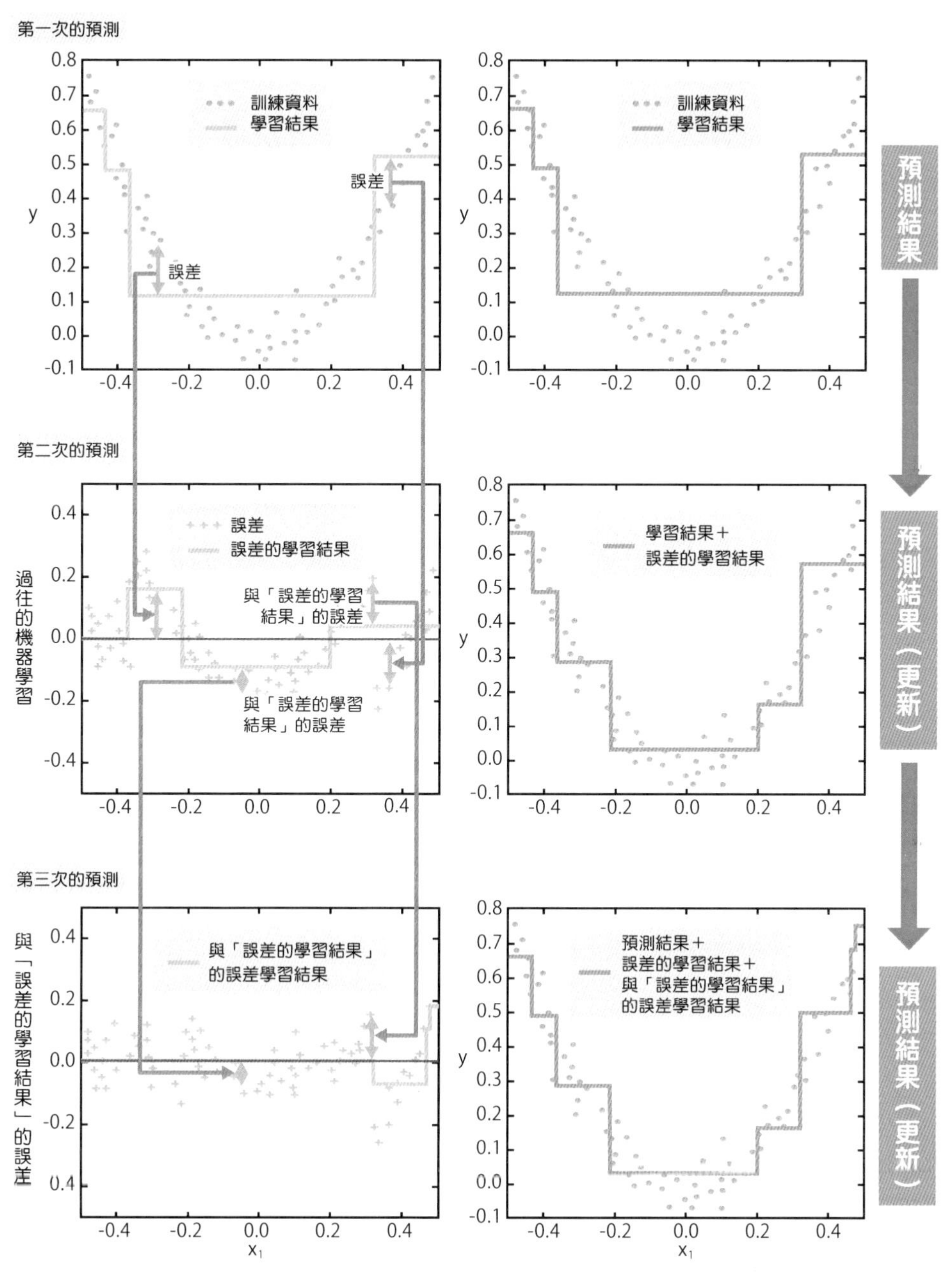

資料來源：Géron, Aurélien. "Hands on Machine Learning with scikit-learn and Tensorflow." (2017).

總結 整體學習的運用有隨機森林、堆疊、梯度提升法。

28 邏輯迴歸

邏輯迴歸從「迴歸」一詞容易被認為是用來預測某數值，但它主要用於分類的演算法。其原理簡單，可用於計算 Yes ／ No 的機率等各種場面。

邏輯迴歸用於分類

邏輯迴歸是監督式學習的一種，主要用於分類的演算法。藉由邏輯迴歸，我們能夠推算某顧客是否購買商品「Yes ／ No」的機率。

其實，跟 Section23 介紹的「迴歸分析」一樣，邏輯迴歸同樣是計算「某數學式的最佳係數（迴歸係數）」。此時使用的數學式（函數），會因簡單迴歸、多重迴歸、多項式迴歸、邏輯迴歸等迴歸手法而不同。在邏輯迴歸使用的函數稱為**邏輯函數（S 型函數）**。如右頁所示，邏輯函數是最小值為 0、最大值為 1 的 S 型函數。另外，自變數存在複數個時也會使用邏輯迴歸，但這邊為了簡單起見，僅解説單一自變數的情況。

舉例來説，以機器學習判斷「某人是否罹患感冒」。由於罹患感冒時體溫通常會升高，所以將體溫當作自變數來判別。蒐集感冒者與健康者的體溫資料，如右圖用 ● 和 ● 繪製成關係圖。雖然目標是「某體溫的人有多少機率罹患感冒？」，但實際取得的資料是「罹患感冒或者沒有罹患」兩種情形，所以資料點的高（機率）會集中在 0（＝ 0%）和 1（＝ 100%）。這種資料難以簡單迴歸、多重迴歸來解讀，所以會使用能夠説明機率資料的邏輯迴歸。跟迴歸分析一樣，藉由尋求縮小資料誤差函數的邏輯函數迴歸係數來進行機器學習。

■ 線性迴歸與邏輯迴歸

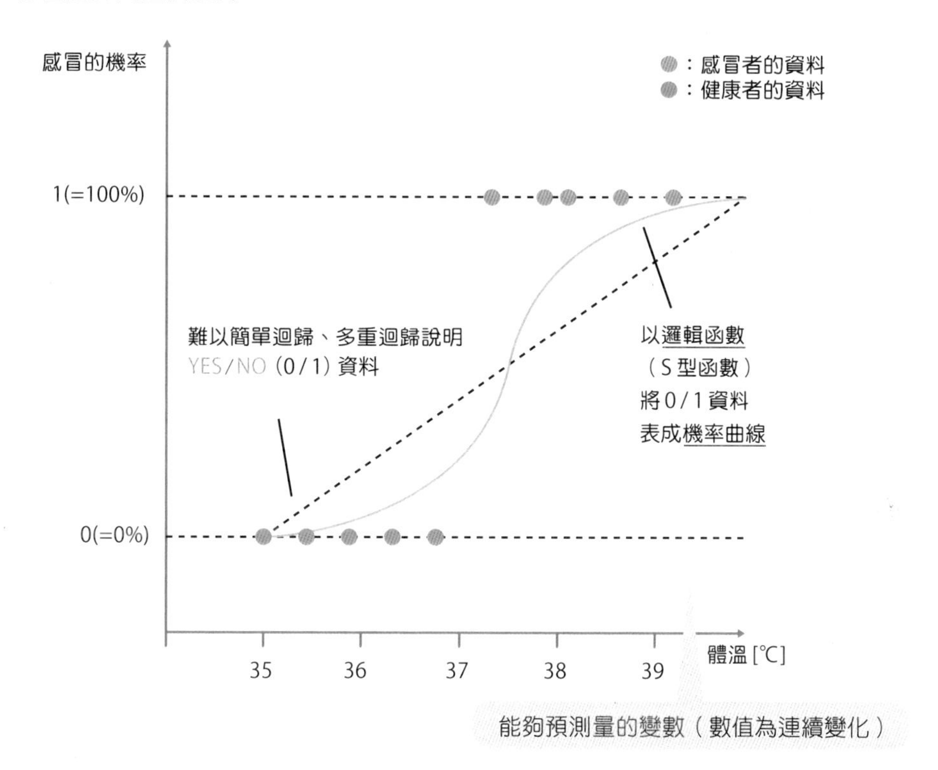

學習獲得的邏輯函數能夠簡單地分類新的資料，比如想要知道體溫 37℃ 的人罹患感冒的機率，則對邏輯函數輸入 37℃，可算出感冒的機率為 0.4（40%）。這種邏輯迴歸是非常容易瞭解的演算法，但缺點是不擅長非線性的資料。比如，在感冒患者當中，也有人是感冒後體溫反而下降，蒐集的資料混合了感冒者和健康者的資料，沒辦法有效地以邏輯函數說明。

總結

- **邏輯迴歸是計算 YES 或者 NO 的機率。**

29 貝葉斯模型

在貝葉斯模型（Bayesian model），會使用貝氏推論（Bayesian inference）的手法。跟前面介紹的手法不同，使用貝氏推論能夠進行考慮不確定性的預測。

最大似然估計與貝氏推論的差異

前面説明的手法，都是基於**最大似然**估計的做法。最大似然估計是指，計算「最為合宜」、「最為恰當」數值當作推測結果的方法。在迴歸分析的簡單迴歸，就是尋求「最為符合」重鎚重量（x）和彈簧長度（y）資料點的直線。由於該直線能夠表示為 y ＝〇 x ＋△，尋求一條「最為符合」的直線，正是計算「最為恰當」的〇值和△值。

然而，計算「最為恰當」的數值也意味著捨棄「該值有多麼恰當」、「其他值有多麼恰當」等資訊。由於簡單迴歸是畫出直線，只要有 2 筆資料就能求出「最為恰當」的〇值和△值。我們能夠直觀理解，分析的資料愈少愈無法信賴（不恰當），但在最大似然估計中，無論資料是 2 筆還是 1000 筆，都只會輸出〇和△的數值，並不曉得「這些值有多麼恰當」。

貝氏推論能夠解決上述問題。在貝氏推論中，是以「數值」與「該值為推論結果的機率」的組合（稱為分布）表達推論結果，藉此瞭解數值有多麼恰當。而且，貝氏推論會事先設立「數值可能為多少」的預測（**事前分布**），再根據新的資料修正事前分布（**貝氏更新**），修正後的分布稱為**事後分布**。預測也可以是不基於資料的主觀見解，所以推論能夠反映資料以外的知識。

■ 貝氏推論

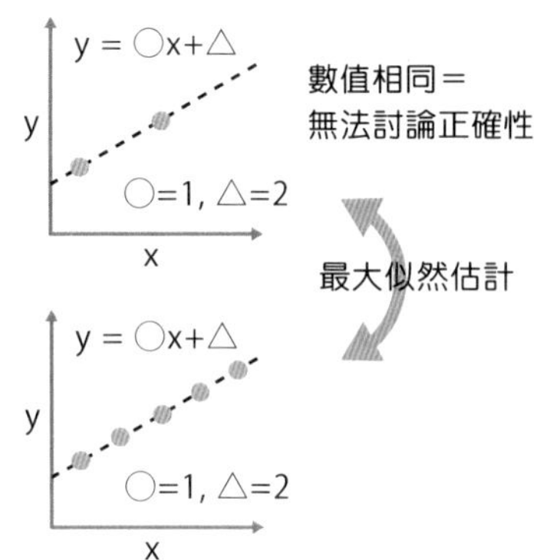

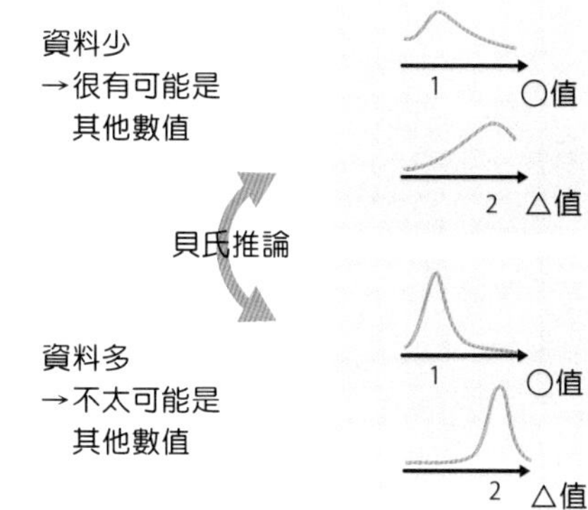

貝氏定理

在貝氏更新中使用的**貝氏定理**，是由結果尋求原因的手法。比如，討論判別垃圾郵件，垃圾郵件的內容會頻繁出現「免費」的字眼，由這是一封垃圾郵件的原因，推導出內容頻繁出現「免費」字眼的結果。我們欲求含有「免費」字眼的郵件是垃圾郵件的機率（結果→原因），根據過往的經驗可知，全部郵件會有 75%為正常郵件、25%為垃圾郵件。假設正常郵件含有「免費」的機率為 10%，垃圾郵件含有「免費」的機率為 80%。此時，含有「免費」字眼的郵件為垃圾郵件的機率會是 0.2÷0.275=72.7%，並能夠由結果尋求原因與其機率。

■ 貝氏定理

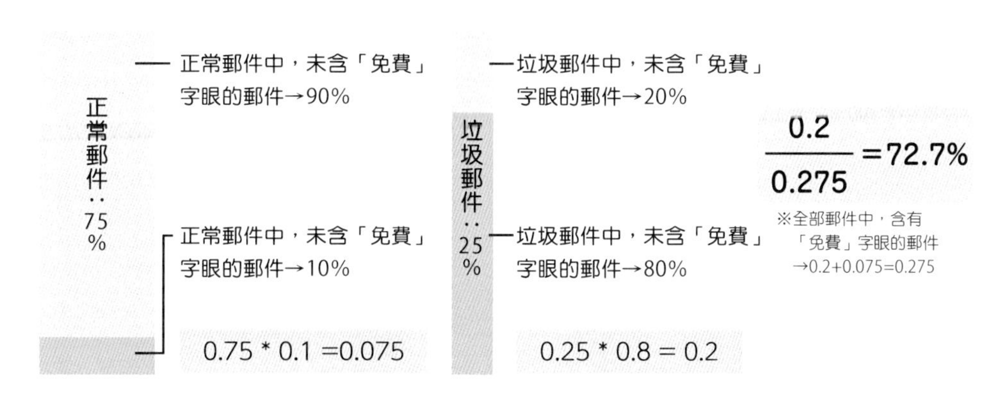

機器學習上的貝氏模型

機器學習可分為 ① **工具箱演算法**和 ② **建模演算法**兩種，前面學到的迴歸分析、支援向量機、決策樹，以及後面要學的 K 近鄰法（Section31）、隨機森林（Section27），皆是屬於 ① 的演算法。① 的最大特徵是，這些演算法「不是設計成專門處理某種資料」，因為只是讓機器學習資料來預測結果，所以不需要考慮「資料是如何產生」。使用這個演算法，即便沒有艱深的數學知識，也能夠僅以簡單的程式完成資料的學習與預測。

另一方面，貝氏模型則屬於 ② 的演算法。此演算法是，事先設計幾個「資料是如何產生」的資料產生結構（模型），使用資料來推論模型，再根據推論的模型進行預測。在 ② 的演算法中，需要根據對象資料來擴張、組合應該考慮的模型。換言之，除了資料的預測結果，也需要關心模型本身。這種演算法需要考量符合目的模型，性能原則上會比 ① 還要高。

■ 工具箱演算法與建模演算法

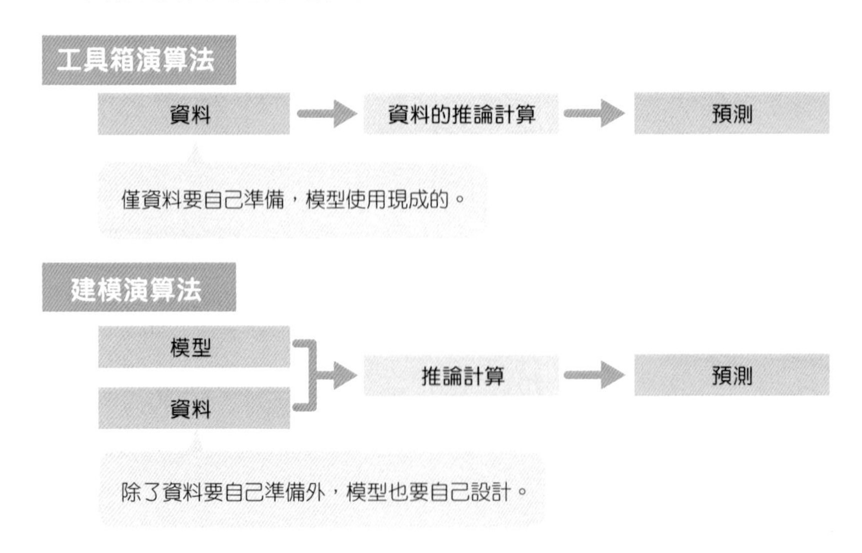

雖然貝氏模型需要艱深的數學知識，但演算法不像 ① 那麼多，可以較為統一的方法進行分析。由於過程使用貝氏推論，所以能夠獲得輸出的數值有多麼恰當（或者多麼不恰當）的資訊。藉此不僅能夠進行考慮不確定性的預測，同時也可防止過擬合的發生。貝氏推論會使用事前分布，能夠導入資料以外的見解也是其優點。

另一方面，貝氏模型需要設計符合特定目的的模型，少不了用到艱深的數學知識（尤其是機率與統計）。完成複雜的設計後，機器學習需要用 MCMC（馬可夫鏈蒙地卡羅）法來模擬，但這個運算方法既複雜又費時。

機率程式語言

在貝氏模型中，包含 ① 設計模型、② 學習資料→推論模型、③ 預測等三項程序。其中，最為重要的是設計什麼樣的模型，但程序 ② 的計算相當麻煩複雜。因此，為了專心 ① 的設計模型，我們會使用**機率程式語言**，如此一來，僅需要設計模型、準備資料，就能自動從學習資料進行到推測、預測模型。

總結

- **貝氏推論能夠考慮不確定性。**
- **貝氏模型不僅只預測，也需要關心資料的產生結構。**
- **使用機率程式語言後，能夠簡單推論模型。**

演算法的區分方式、說明內容，特別參照了《ベイズ推論による機械学習入門》（須山敦治著，講談社 SCIENTIFIC）。

30 時序分析與狀態空間模型

狀態空間模型是一種統計機器學習模型，用於「時序分析」解析、預測隨時間變化（時序）的資料，結合了狀態模型和觀測模型等兩種模型，目前廣泛用於各項領域。

何謂時序分析？

在講解狀態空間模型之前，我們先來瞭解什麼是「時序分析」。時序分析如同其名，是將每個時間獲得的資料（時序資料）套用到某個模型（時序模型），解讀每個時間獲取的資料之間的關聯性。比如，假設有各品種蘋果甜度的量測資料，由於這不是時序資料，即便品種 1 到品種 5 的甜度如下呈現斜直線，也僅是偶然的情況，我們無法根據它來預測漏掉的品種 3 甜度。這樣的性質稱為「獨立」。

■ 非時序的資料

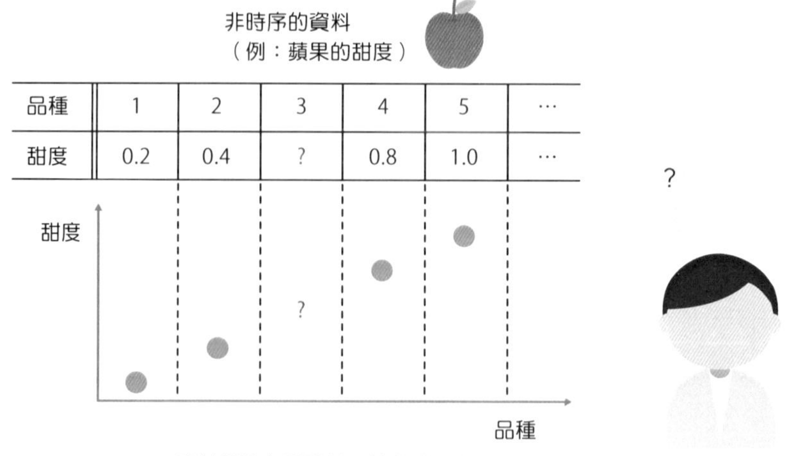

然而，若是某城市的燕子觀測數如何呢？如果去年僅有 2 隻的話，今年不會突然增加到 100 隻。換言之，某年的燕子數量多少會受到過去燕子數量的影響。這樣的性質稱為**具有「自相關性（autocorrelation）」**。

以直線等模型表示這種性質的手法，可用在 Section23 說明過的迴歸分析。迴歸分析和時序分析的差異，在於套用的模型是否獨立、是否具有自相關性。實務上，迴歸分析僅使用彼此獨立的資料。若將具有自相關性的非獨立資料用於迴歸分析，可能會產生 Section21 說明的虛假相關等問題。

時序模型自有一套原理機制，巧妙說明具有自相關性的資料，所以在分析時序資料時，就直接使用時序模型。

時序資料

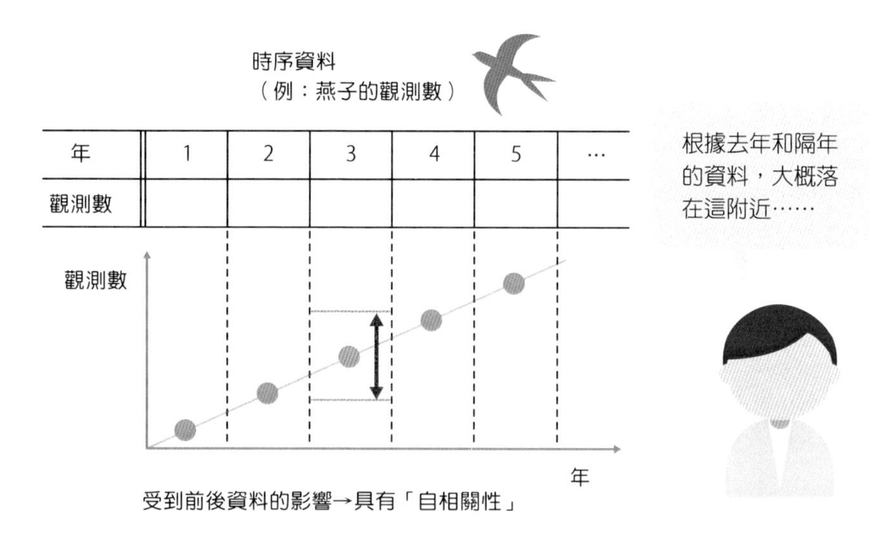

受到前後資料的影響→具有「自相關性」

基本的時序模型

時序模型有各種種類：基本的自迴歸（AR）模型、移動平均（MA）模型與結合兩者的 ARMA 模型等，原則上模型的設計思維都是「當前的數值近似於之前的數值」。這邊關注基本時序模型的設計意圖，將差異統整於下圖。AR 模型、MA 模型是時序思維的基本模型，但 AR 模型具有「穩定性（stationarity）」等統計條件的資料限制，實際上並不常使用。實務上，我們會使用以結合兩者模型的 ARMA 模型為基礎，進行各種改良的 ARIMA 模型、SARIMA 模型。

模型	特徵
自迴歸（AR）	最為基本的時序模型。數學式跟迴歸分析的「簡單迴歸」、「多重迴歸」幾乎一樣，但與迴歸分析不同，不會使用「自己本身（→自我）」的過去數值做迴歸（→自迴歸）。實務上並不常使用。
移動平均（MA）	如同其名，利用過去數值的移動平均來預測未來的數值。實務上並不常使用。
自迴歸移動平均（ARMA）	結合 AR 模型與 MA 模型的模型。藉由整合兩種模型，形成更符合現實的模型。
自我迴歸整合移動平均（ARIMA）	在現實中的資料，有時能夠看出上升傾向、下降傾向等「趨勢」。由於 ARMA 模型難以預測具有趨勢的資料，會對資料取差分（階差）作成對應趨勢的 ARIMA 模型。
季節性自我迴歸整合移動平均（SARIMA）	在現實中的資料，大多會出現每週、每月、每年的週期性數值變化（季節性變動）。SARIMA 是對應從資料減去季節性變化的模型。

狀態空間模型討論隱藏於觀測背後的「狀態」

時序模型有各種種類：基本的自迴歸（AR）模型、移動平均（MA）模型與結合兩者的 ARMA 模型等，原則上模型的設計思維都是「當前的數值近似於之前的數值」。狀態空間模型也是時序模型之一，但跟其他模型最大的差異在於，此模型結合了將取得的資料解讀為「觀測到的並非真正狀態」的「觀測模型」，以及說明隱藏於背後的真正狀態的「狀態模型」。比如，在計測燕子等生物的棲息數時，一般是由觀測員走訪市街計數個體數。此時，觀測員發現的個體數未必剛好就是真正的燕子棲息數。觀測員的熟練度會影響觀測準確率，也有可能因為天氣不佳而沒有燕子出沒。如同上述，觀測數偏離真正的燕子棲息數的幅度，稱為「**觀測誤差**」。

▨ 隱藏於觀測背後的條件

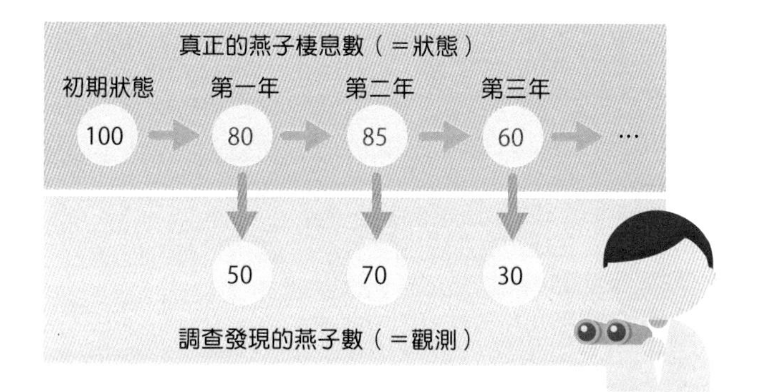

觀測條件
（會因觀測者的能力、觀測日的天氣等產生觀測誤差）
→結合狀態模型與觀測模型來建立模型

總結

- 在時序分析中，會將每個時間的資料套用時序模型來解讀。
- 時序模型是將「當前的數值近似於之前的數值」轉為數學式的模型。

31 K 近鄰法（K-NN）與 K 平均法（K-means）

這兩個演算法的名稱相似，就連工程師也經常混淆在一起。兩者都是使用設定的 K 值，為名稱相近但內容、目的卻截然不同的演算法。

K 近鄰法是以多數決分類資料

兩者的差異在於，**K 近鄰法**是主要用於分類的監督式學習演算法；**K 平均法**是主要用於集群分析的非監督式學習演算法。

其中，K 近鄰法被認為是最為單純的機器學習演算法之一。那麼，下面先以蘋果和洋梨的識別為例，來看 K 近鄰法的處理程序。

① 將學習資料轉為向量

K 近鄰法在比較資料時需計算資料間的近似度（similarity），將各個資料的資訊轉為向量的形式，量化蘋果和洋梨的「鮮紅」、「甘甜」等當作學習資料，如下圖統整成向量表格。

■ K 近鄰法是以多數決分類資料

資料	鮮紅	甘甜
蘋果 1	9	7
蘋果 2	10	5
洋梨1	3	6
洋梨2	1	4
:	:	:

② 計算欲分類資料與學習資料的近似度

然後，計算欲分類資料與所有學習資料的近似度。近似度存在各種度量的指標，其中最常使用的是「歐氏距離（Euclidean distance）」。

歐氏距離就是我們聽到「距離」時腦中浮現的距離概念，可用畢氏定理計算數值。

■ K 近鄰法的思維

資料近似度的思維

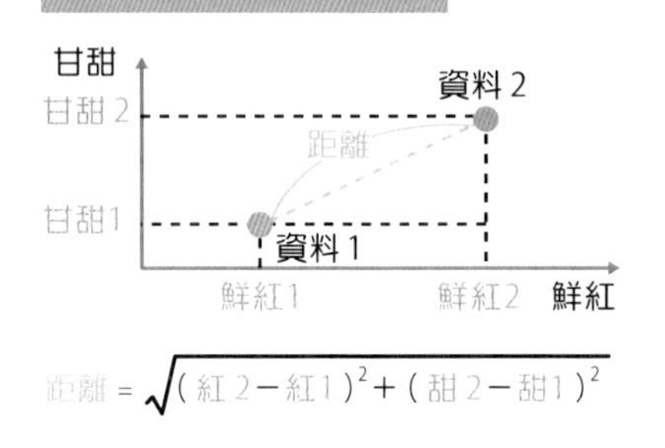

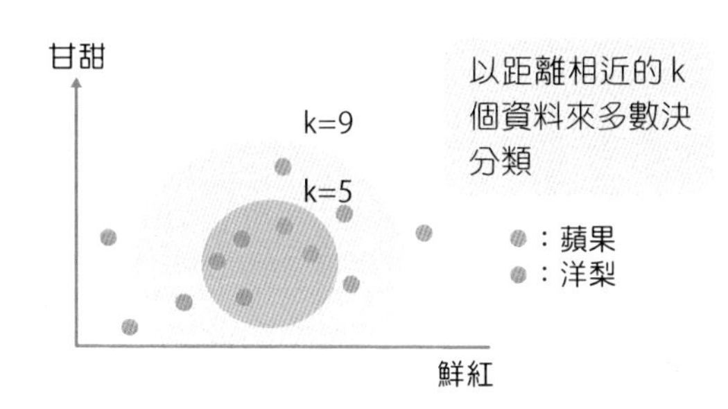

③ 選出 k 個近似度高的資料進行多數決分類

接著，依序取出 k 個與欲分類資料近似度高的資料。此操作可在繪製各資料的關係圖時，以欲分類資料為中心畫圓來幫助理解。比如，k ＝ 5 時，畫出涵蓋 5 個學習資料點的圓，再將圓中間最多的標籤輸出為欲分類資料的標籤。

④ 調查性能最好的 k 值

K 近鄰法的重點是，演算法的性能會因 k 的選法而不同。比如，這個例子在 k ＝ 5 時是「蘋果：洋梨＝ 3：2」，會分類成「洋梨」；k ＝ 9 時是「蘋果：洋梨＝ 5：4」，會分類成「蘋果」。跟其他的機器學習一樣，為了決定性能最好的 k 值，需要將全部資料劃分成學習資料和測試資料來驗證比較性能。

另外，一般來說，k 值愈大愈能抑制資料雜訊（偏移）造成的性能下降，但相對需要運算大量的資料，類別間的差異容易變得不明確。

K 平均法將資料劃分成 k 個組別（集群）

這小節會解說 K 平均法的處理程序。K 近鄰法是監督式學習，而 K 平均法是非監督式學習，不必一開始就知道資料的標籤。下面以剛才的蘋果和洋梨再加上蕃茄，分成三個集群的演算法為例來說明。

■ K 平均法

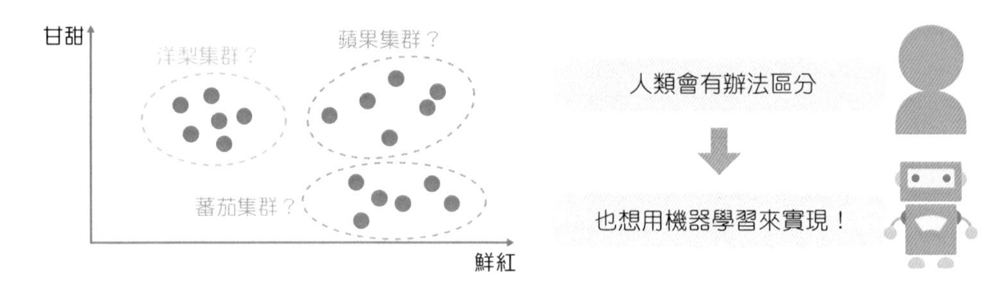

跟 K 近鄰法一樣，K 平均法在比較資料時需要計算資料間的近似度，會先將各資料訊息轉為向量，統整成表格。

① 將資料隨機劃分成 k 個集群

首先，試著將資料隨機劃分成 k 個集群。這邊的隨機劃分，使用骰子投擲出 1 則為集群 1；投擲出 2 則為集群 2，毫無道理地劃分也沒關係。採取這種隨意的劃分方式，劃分結果當然會如右頁下圖 ① 看起來完全沒有區分。

另外，與監督式學習不同，由於不曉得資料是由幾個集群所構成，在 k 的設定也必須下一番工夫。這邊是直覺判斷能夠分成 3 個集群，才以集群數為 3 來討論。

② 計算重心

接著，針對剛才劃分的各個集群，計算該集群整個資料的重心，有多少集群數就能求得多少個的重心。

③ 重新劃分至距離最近的重心集群

計算完重心後，將隨機區分的資料重新劃分，但這次不是隨機區分，而是將各資料點分配至 k 個重心中距離最近的重心集群。

④ 計算新的重心

經由 ③ 重新劃分後，如②計算重心時會發現各集群的重心位置改變了，重心會向各集群的資料中心靠近。

⑤ 反覆直到不再移動

反覆執行 ③ 和 ④ 直到重心不再移動，最後會如下圖 ⑤ 所示，接近的資料會被分到相同集群中。另外，由於 K 平均法的結果會受到最初的隨機分配方式影響（初值依賴性），所以必須多次反覆執行 ① ～ ⑤ 並採用最佳的分群結果。

K 平均法的步驟

① 隨機劃分

② 計算重心

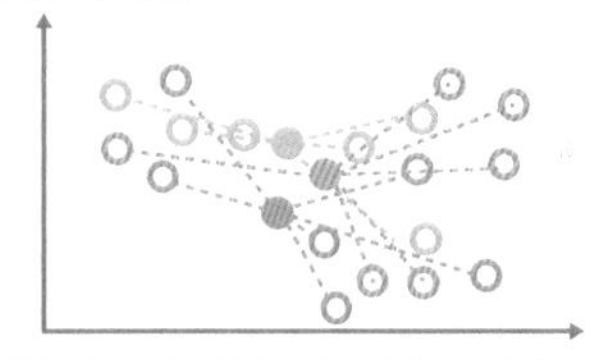

③ 重新劃分至距離最近的重心集群

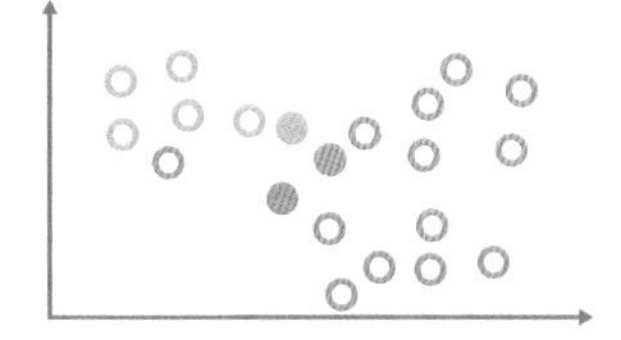

④ 計算新的重心

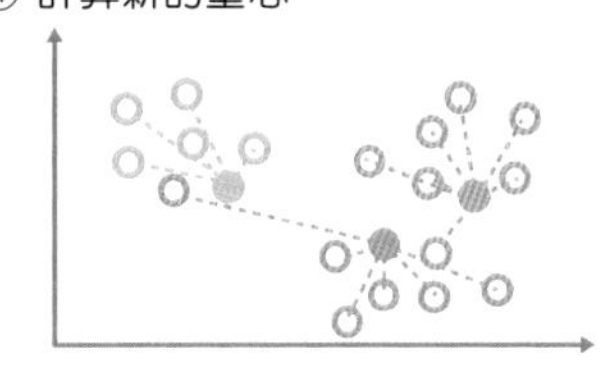

⑤ 反覆執行 ③ 和 ④ 直到重心不再移動

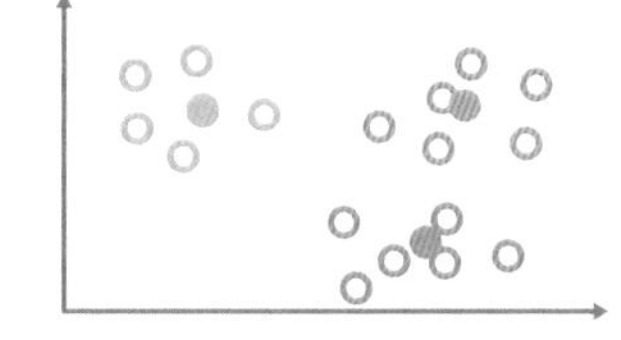

32 維度縮減與主成分分析

維度縮減是非監督式學習的一種，能夠「概括資料」。尤其大量資料的前處理，更是機器學習上不可欠缺的手法。

維度縮減與資料的「概括」

維度縮減（dimension reduction）如同其名，是指減少維資料維度數的處理。這邊所說的資料維度，是如學生成績資料中國文分數、數學分數、英文分數……等資料的項目數。

以下圖為例，繪製學生的國文分數和數學分數的關係圖，由此圖來看，貌似具有其中一個變大、另一個也跟著變大的相關關係。在此相關的方向畫出直線，將各點分別「投影」至該直線，就能夠如下圖將剛才的二維資料以一條直線上的一維資料來表示。然後，此一維資料能夠用名為「學力」的一維指標表達「國文分數」、「數學分數」的二維資訊。像這樣盡可能保持資料訊息，轉換成維度較低的資料操作，就是「維度縮減」。另外，維度縮減根據「畫線方式」有幾種不同的手法。這節會先介紹維度縮減的優點，再說明代表手法的思維。

■ 維度縮減

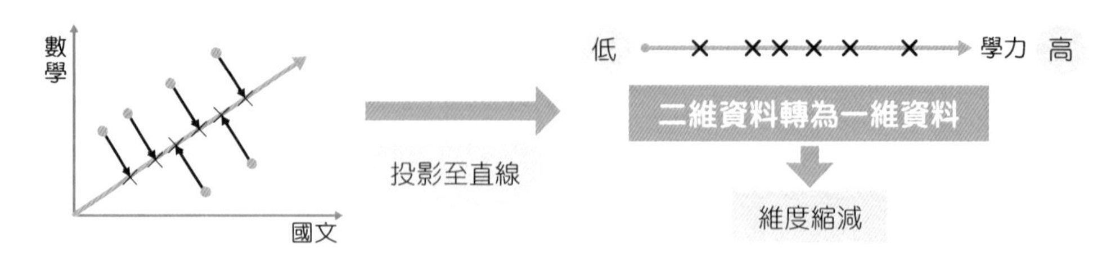

迴避維數災難

第一個優點是，能夠迴避「**維數災難（curse of dimensionality）**」。一般會認為資料的維度數愈高，愈能夠充分表達資料的特徵，但在機器學習上，維度數過大時會碰到「維數災難」的現象。

簡單來說，維數災難就是「比較的重點過多，反而分不清楚差異」。比如，在「決定搬家的房子」時，我們會比較租金、房間大小等，但若不斷加入其他考慮要素，反而難以比較出哪間房子最好。這不僅只是感覺上的問題，在數學上也會碰到因資料間的差異（＝距離）不大，而嚴重影響演算法的性能。遇到維數災難時，不妨考慮使用維度縮減。

以維度縮減壓縮資料

第二個優點是能夠壓縮資料。將高維度資料轉換為低維度資料，可單純說是壓縮資料量。雖然國文、數學分數的例子僅為二維度的資料，但在機器學習處理的資料中，存在多達數十萬、數百萬維度的資料。面對如此龐大數量的資料，維度縮減能夠大幅減少處理所需的運算量，進行更加快速的計算。

維度縮減的資料壓縮

	國文	數學
A同學	60	50
B同學	80	40
⋮	⋮	⋮

壓縮 →

	學力
A同學	4
B同學	5
⋮	⋮

以維度縮減可視化資料

第三個優點是，能夠將高維度資料可視化為容易理解的形式。以前面的例子來說，學生的成績資料包含了國文、數學以外的學科。此時，若被問到「此資料具有什麼樣的特徵？」也難以直接表達說明。一般來說，人類能夠直觀理解的資訊頂多就到三維度，沒辦法統整表達四維度以上的資訊。在處理人類難以掌握的高維度資料時，維度縮減可藉由減少資料量來可視化資料，使其能夠直接表達說明。

下面就從具體的例子來看將高維度資料可視化的優點。比如，使用維度縮減將學生的成績資料轉換成二維度的資料後，轉換前僅是數字塊的資料，能夠如下圖表示為一個類別。雖說如此，在維度縮減的階段並不曉得各個資料項目具有什麼意義，但從可視化的資料形式可知「這群好像是理科的集群」、「這群是文科的集群吧！」等特徵，最終能夠將整個資料直接表達為「橫軸為理科度、縱軸為文科度」。

■資料的可視化

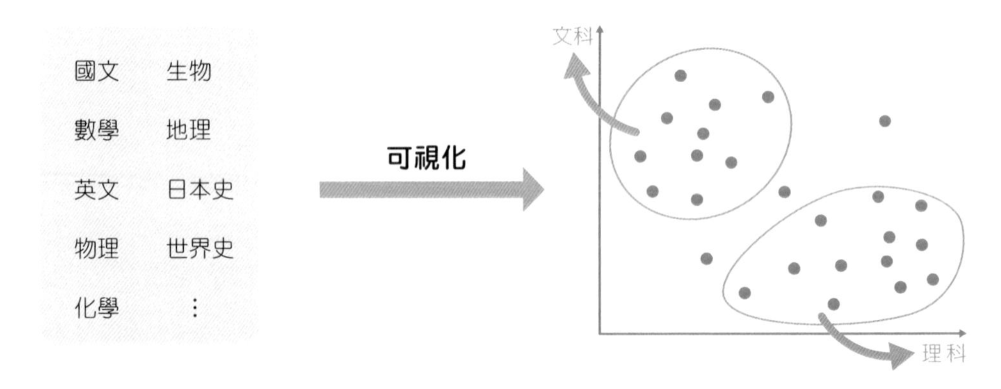

何謂主成分分析？

前面説明了維度縮減能夠做到什麼事情，接著來解説維度縮減的手法。

如前所述，維度縮減是「將資料投影至其他的軸」的操作，維度縮減的手法依照「投影至軸」的選法可分為幾個種類。由於維度縮減是削減資料量，理所當然會損失一部分資料原有的訊息。這個損失的訊息量稱為**資訊損失量**，將其想成是資料投影至軸時「投影高度」或許會比較容易理解。原本軸高內的資訊會在投影至軸時損耗，所以維度縮減會選擇「投影高度」不高的軸，盡可能漸少資訊損失量。

■ 主成分分析

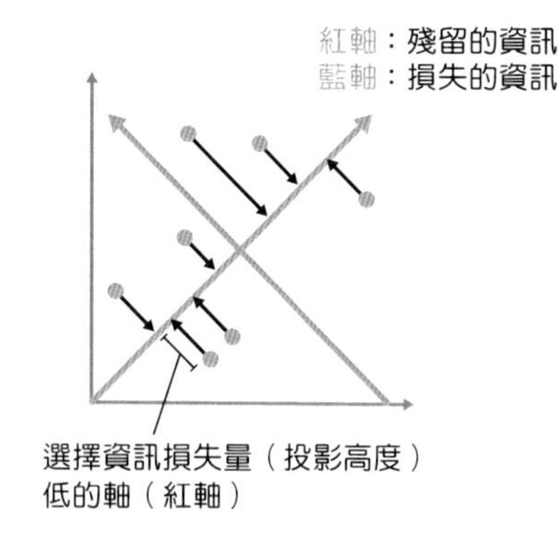

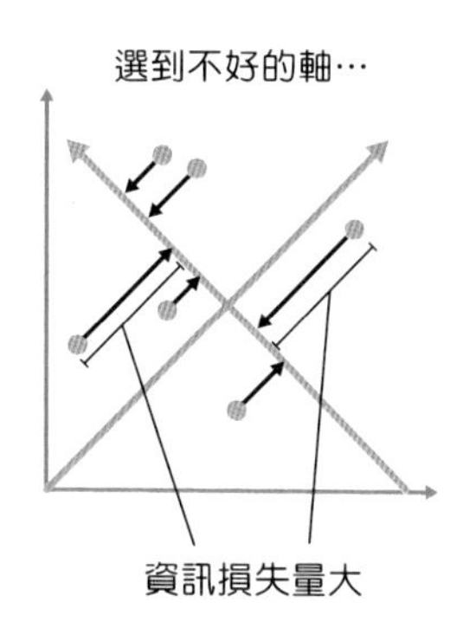

在這樣的維度縮減，最常被使用的是**主成分分析（PCA）**，為沿著「資料最為分散（變異數大）的方向」取軸的手法。上圖是沿著最為分散的方向取紅軸，沿著不太分散的方向取藍軸，由外觀可知，紅軸的投影高度比較低、藍軸的投影高度比較高。

33 最佳化與遺傳演算法

最佳化是指「在某條件（限制條件）下，尋求某函數最大值（或者最小值）的解（最佳解）」。這節會一併解說最佳化演算法之一的遺傳演算法。

何謂最佳化問題？

尋求某函數（目標函數）最大值或者最小值的解，稱為最佳化。在尋求如下圖紅線的函數最大值時，可由函數的形狀立即看出哪邊是最大值的解，但實務上大多不曉得目標函數的形狀。因此，最佳化會先嘗試輸入幾個解，來尋找目標函數值的最佳解。

其實，**最佳化**不符合機器學習演算法的一般定義。然而，實際接觸機器學習後，最佳化卻又是一定會用到的演算法，務必確實瞭解清楚。

■何謂最佳化？

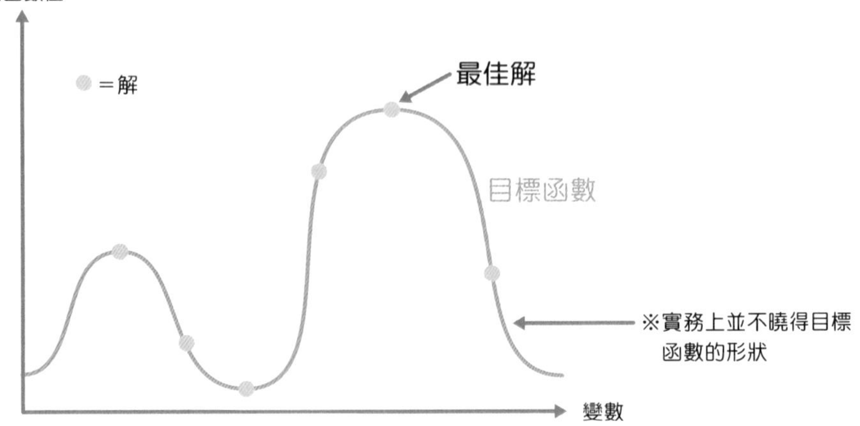

日常生活中的最佳化

雖然許多人會覺得最佳化困難，但它經常出現在我們的日常生活中。比如，晚餐製作美味的咖哩飯、營業員決定拜訪公司的路徑等，都是最佳化的一種。

■ 日常生活中的最佳化

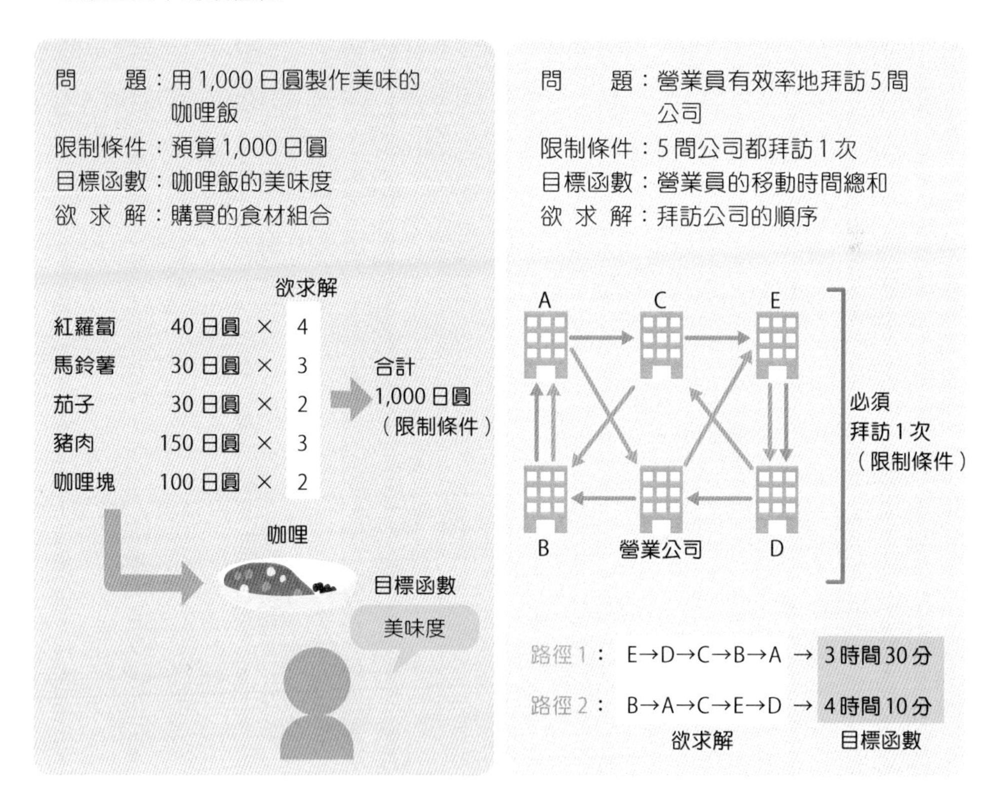

除了上述的例子之外，物流公司從集貨站配送至收貨人的配送時間；工廠複數產品的生產線運轉時間、交貨時期等，許多問題都能透過最佳化得到解決方案。在機器學習中，則常用於決定 Section19「超參數與模型的調整」中介紹的最佳超參數。

從下一頁開始，我們來實際看看有哪些解決最佳化問題的方法。

全探索與組合爆炸

最簡單的方法是，嘗試最佳化問題中所有可能解的組合，由該結果推導最佳解的方法。這種方法稱為**全探索**，一定能夠獲得最好的解。然而，現實上會造成運算負荷過大，不適用大規模的最佳化問題。以前面的營業員例子來說，假設營業員拜訪的公司數為 n，則拜訪公司的順序全部共有 n! 種。公司數為 5 間時，順序有 5!=5×4×3×2×1=120 種；增加為 10 間時，順序有 10!=3,628,800 種；增加為 20 間時，順序有 20!=2,432,902,008,176,640,000 種，情況數加速增長。如果以 1 秒能夠嘗試 1 種情況的電腦來運算，5 間公司僅需要 2 分鐘就能完成運算，但 20 間公司則約需要花費 760 萬年。可能解的組合像這樣加速增長的現象，稱為**組合爆炸（combinatorial explosion）**。

為了解決因組合爆炸無法全探索運算的最佳化問題，目前正在研究各種不同的最佳化演算法。下面就來介紹最佳化代表手法之一的**遺傳演算法**。

如同其名，遺傳演算法是利用生命進化機制的演算法。生物會藉由不同個體反覆「自然淘汰」、「交配（重組）」、「突變」，使整個物種的遺傳基因朝向更加適應「環境」進化。遺傳演算法模仿這項機制，將「目標函數」視為「環境適應度」、欲求解視為「遺傳基因」，透過反覆好幾個世代的選擇、交配、突變，找出最佳化問題的最佳解。

事不宜遲，下面就來確認其程序。

■ 遺傳演算法的程序

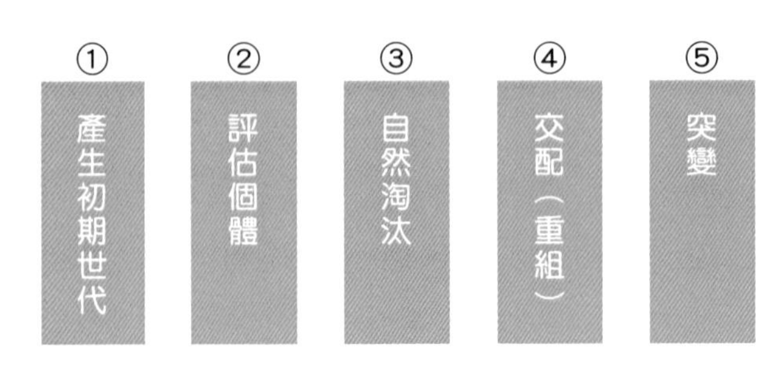

遺傳演算法的程序

① 產生初期世代

這項處理僅會在最初的世代進行。由於初期世代沒有雙親，所以會隨機決定遺傳基因，產生符合限制條件的個體。

② 評估個體

對該世代的所有個體進行評估。將個體的遺傳基因輸入目標函數運算，輸出的結果紀錄為評估值。

③ 自然淘汰

根據個體的評估值進行交配，選出將遺傳基因保留至下一世代的個體。經由這項處理，整體的遺傳基因會朝向更好的方向進化。在下一頁圖片中，為了簡化説明所以是由上依序選擇，但如同生物的交配不會僅有優秀的個體留下遺傳基因，遺傳演算法也不是僅依照評估值高低，還會加入隨機要素來選擇個體。此時，常用的選擇手法有「輪盤選擇（roulette wheel selection）」、「排序選擇（ranking selection）」、「競賽選擇（tournament selection）」等。

④ 交配（重組）

交叉重組選出來個體的遺傳基因，生成具有新遺傳基因的個體。這項處理可交叉重組優秀個體的優異基因，產生更好的遺傳基因。交配也跟自然淘汰一樣存在各式各樣的手法，常用的有「單點交配（single-point crossover）」、「多點交配（multi-point crossover）」、「均勻交配（uniform crossover）」等。

⑤ 突變

該世代的所有個體會以一定的機率，隨機改變一部分的遺傳基因。

藉由反覆執行上述 ② 到 ⑤ 的步驟，來獲得愈來愈優異的遺傳基因。

■ 遺傳演算法

① 產生初期世代

起初隨機決定遺傳基因，生成符合限制條件的個體。

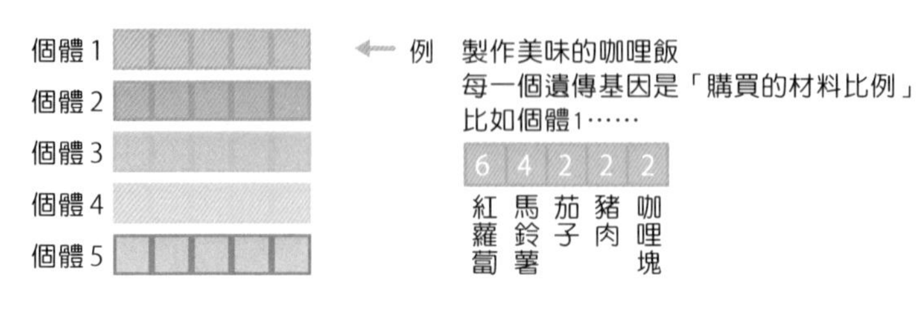

② 評估個體

將遺傳基因輸入目標函數，
計算所有個體的評估值。

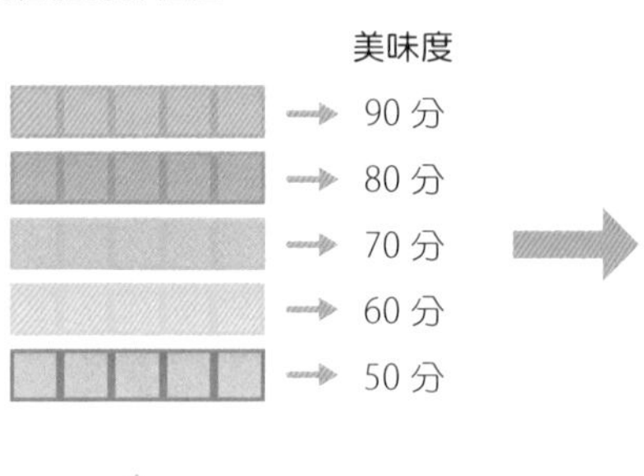

③自然淘汰

淘汰評估值低的個體，
以留下多數優秀的個體。

④ 交配

交叉重組個體間的遺傳基因，
生成帶有新遺傳基因的個體。

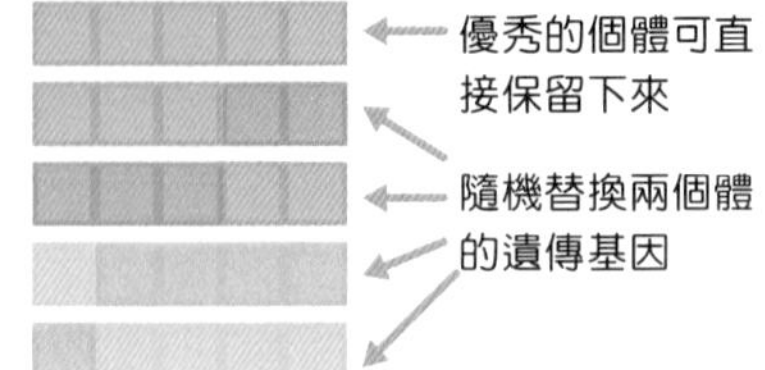

⑤ 突變

隨機替換個體一部分的遺傳基因。

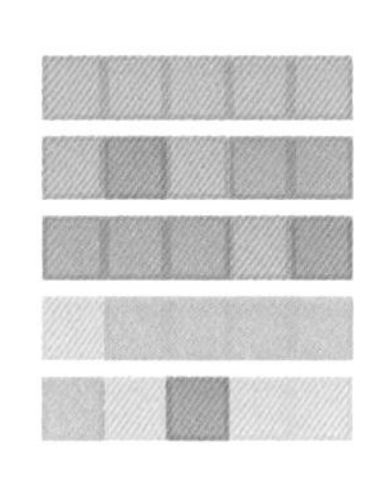

最佳化問題是最大或者最小目標函數的值。

5章

深度學習的基礎知識

從本章開始，會更加詳細學習前面已經稍微觸及的深度學習。深度學習是經過什麼樣的歷史發展而來的手法？在什麼樣的情況下會帶來什麼樣的幫助？後面就利用具體的事例來一一解說。

34 類神經網路與其歷史

類神經網路是指，模仿人類神經迴路（神經元）結構的網狀模型。神經迴路容易產生接近人類的意象，但實際上是由加法構成的簡單模型。

感知器與類神經網路

在這小節，我們要來瞭解深度學習的基本架構——**感知器**（神經元模型）。感知器是模仿單一神經元的模型，其構造非常簡單。

各輸入如下圖藍色箭頭所示，會分別成乘上對應的**權重**（連結的強度），並加總起來至下一個輸入。另外，輸入 1 乘上權重的值稱為**常數項**，如下圖的綠色箭頭所示。加總值如紅色箭頭所示，會輸入被稱為激活函數（activation functions）的非線性函數（參見 **P.150**），形成最後的輸出。另外，省略“和”與激活函數的節點後，感知器可如下圖右來描述。請對照重疊兩個感知器輸出兩結果的示意圖來確認。

■ 感知器

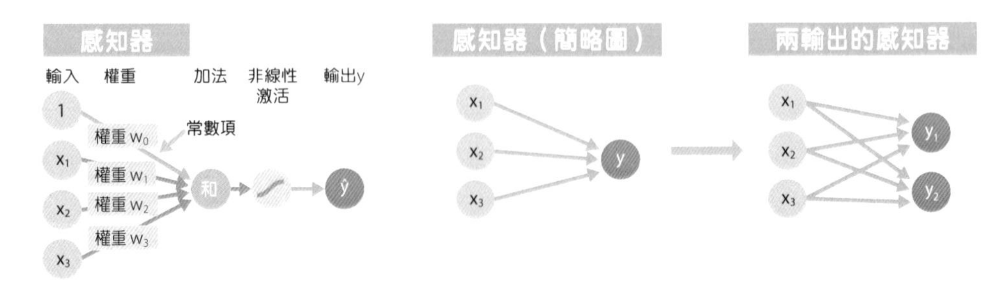

感知器後面繼續連結的話，可形成輸入層和輸出層之間具有**隱藏層**的**類神經網路**。輸入層和輸出層能夠直接觀察，而隱藏層如同「隱藏」字面上的意思不能直接觀察。下圖的類神經網路是具有單一隱藏層的兩層類神經網路。圓形部分稱為**節點**（**node**）、箭頭部分稱為**邊緣**（**edge**），在計算層數時，除了輸出層之外，可想成「每個邊緣網路與節點為 1 層」。在輸入層→隱藏層，輸入層的各節點連結所有的隱藏層節點（隱藏層→輸出層也一樣），這樣的階層稱為**全連接層**。

進一步增加隱藏層的層數後，就完成了**深度類神經網路**。隱藏層、隱藏層的節點數量增加後，參數（權重 w）也會變多，能夠輸出更為複雜的結果。而參數變多後，模型需要更多的資料來學習，容易發生過擬合的現象。為了防止這樣事態發生，會採取類神經網路特有的手法——**丟棄法**（**dropout**）。所謂的丟棄法，是指以一定的機率將節點視為不存在的學習方法。

■ 類神經網路（兩層）

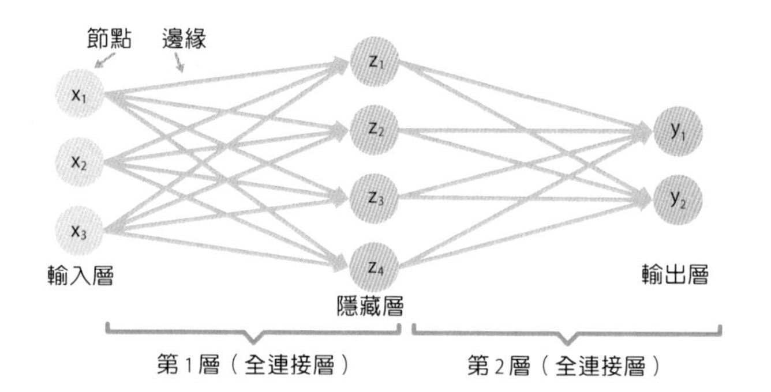

■ 深度類神經網路

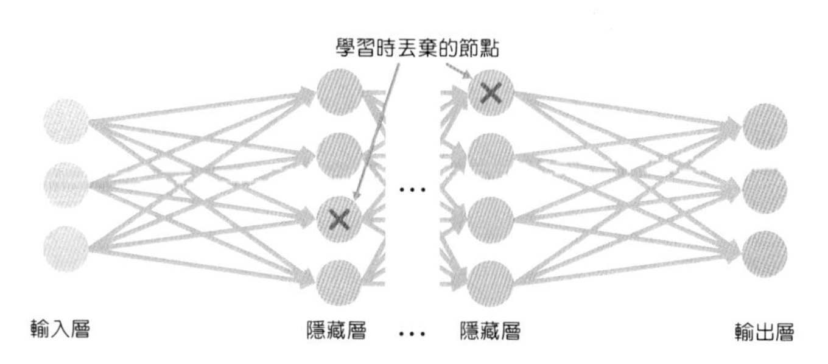

5
深度學習的基礎知識

激活函數的非線性

激活函數是將輸入的加權總和轉為其他數值的數學式。在深度學習中，激活函數是非常重要的概念，當前使用的激活函數都是非線性函數。非線性函數是指，關係圖不為一直線的函數。而線性函數是指，可以如 y ＝〇 x ＋△形式表示、關係圖為一直線的函數。關於具代表性的激活函數，可舉 S 型函數、雙曲正切（tanh）函數、Rectified Linear Unit (ReLU) 函數等。S 型函數是，不論輸入為何都轉為介於 0 到 1 之間的數，可用於最後輸出機率的情況。tanh 函數是將輸入轉為介於－ 1 到 1 之間的數。ReLU 函數看起來像是線性，但會在原點拐彎呈現非線性，僅在 0 以上時直接輸出原數值，運算非常簡單。

在激活函數當中，ReLU 函數因不容易發生梯度消失問題（參見 Section39），近年經常被廣泛使用。學習時會使用微分激活函數的數值（梯度）來計算，但 S 型函數、tanh 函數的梯度多為接近 0 的值，使得學習成效不佳。就這點來說，ReLU 函數在 x 大於 0 時梯度為 1，所以能夠順利學習。這種 ReLU 函數的缺點是，在 x 小於 0 時梯度為 0，但目前已經提出許多改良此缺點的 ReLU 衍生型函數。

■ 主要的激活函數

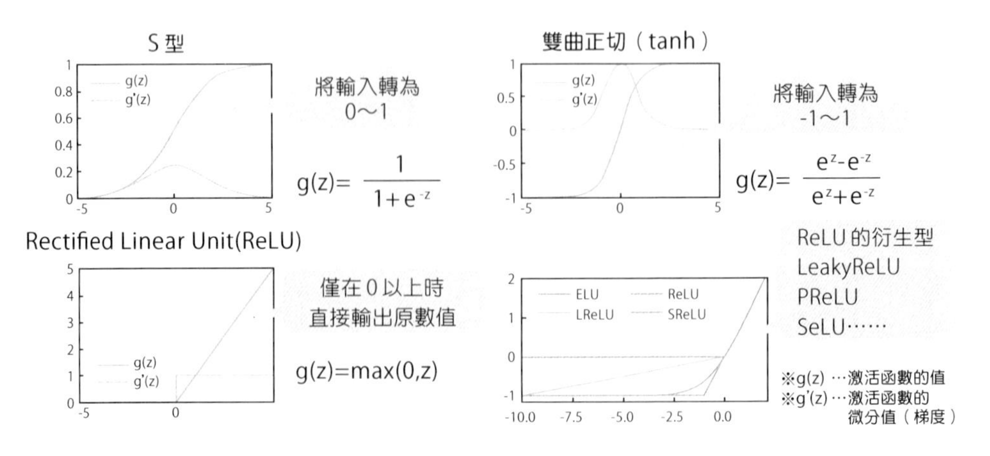

非線性激活函數的重要性

為什麼激活函數為非線性呢？這是因為現實的資料大多為非線性的緣故。比如，假設想要分類如下圖的綠色和紅色資料，會沒有辦法以一直線來劃分，但若使用非線性激活函數，就能夠畫出複雜的邊界線。不難想像，只要多次反覆扭曲變形輸入，就能輸出無法恢復原狀的複雜歪曲線。

在「A Neural Network Playground」這個網站，能夠直觀確認改變類神經網路的設定所造成輸出結果的變化。感興趣的讀者不妨瀏覽該網站看看。

■ 可視化類神經網路的輸出

導入激活函數的理由

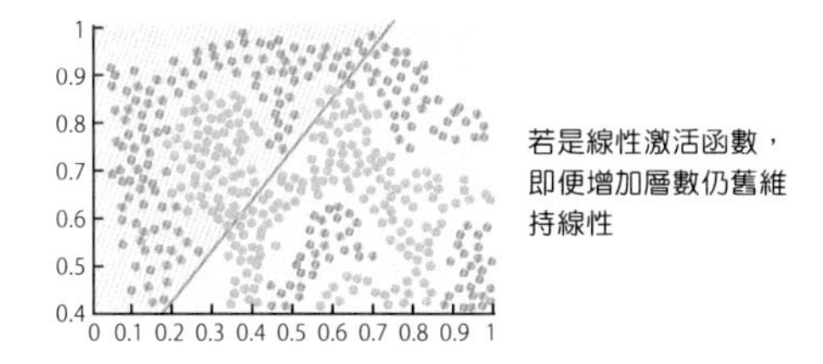

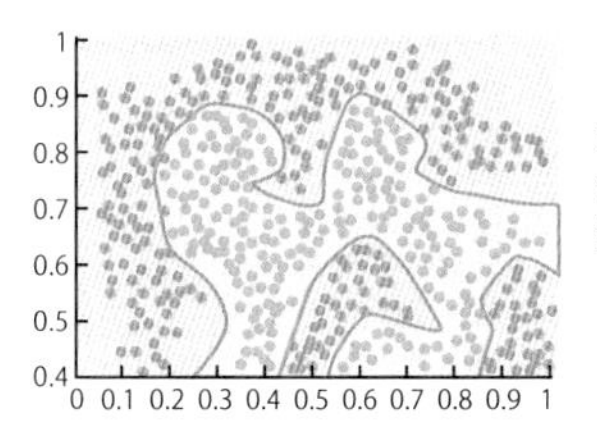

若是非線性激活函數，增加層數後會變得非常複雜

A Neural Network Playground

資料來源：http://introtodeeplearning.com/materials/2019_6S191_L1.pdf

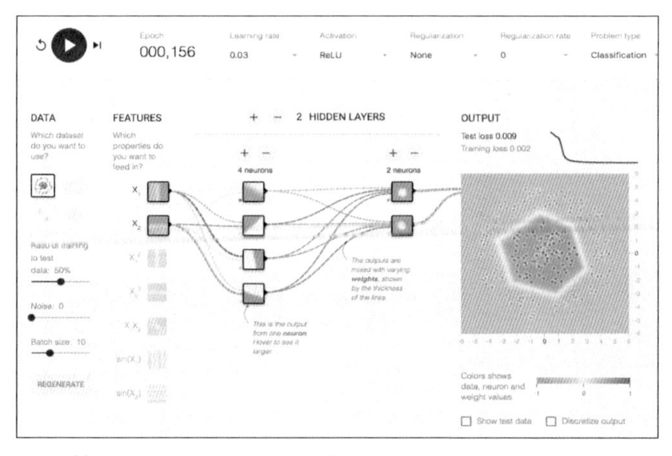

https://playground.tensorflow.org/

形式神經元與研究熱潮

前面概述了當前使用的類神經網路架構，最後我們來回顧類神經網路的歷史。過往的類神經網路研究，不斷反覆了進化與停滯的過程。

類神經網路始於 1943 年，由神經生理學家麥卡洛克（Warren McCulloch）和數學家皮茨（Walter Pitts）發表了**形式神經元（formal neuron）**。這個形式神經元是模仿人類大腦神經細胞（神經元）的模型。在神經細胞中，整合由各樹突輸入的資訊（電力訊號），當電力訊號達到一定強度後，會促使神經元呈現興奮狀態，並經由軸突傳遞給其他神經元。同理，在形式神經元中，輸入值（x_1、x_2、x_3、⋯）會分別乘上權重 w_1、w_2、w_3、⋯加總起來，當該值超過閾值 T 時輸出 y 為 1，其餘情況皆為 0。人們瞭解到即便是如此簡單的模型，也能夠用基本的邏輯式、數學式來表達，愈發對模仿大腦構造的電腦感興趣。

心理學家羅森布拉特（Frank Rosenblatt）參考形式神經元，於 1985 年提出感知器（跟這節開頭的感知器不太一樣）。同年，羅森布拉特也構想了進行監督式學習的演算法。人工智慧的自我學習沒多久就備受眾人期待，於 1960 年代迎來第一次的研究熱潮。

1960 年代以前的研究

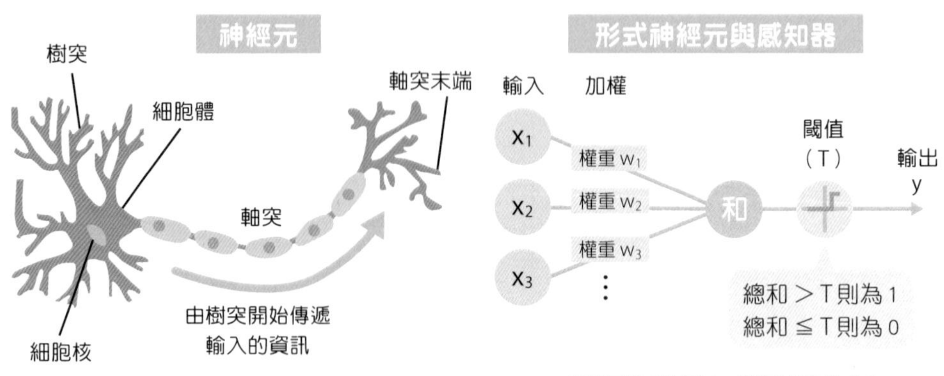

※若是形式神經元，則輸入限制為 0.1

類神經網路研究的停滯與進步

然而，自羅森布拉特發表後的 1960 年代研究熱潮逐漸冷卻退去。1969 年人工智慧研究員明斯基（Marvin Minsky）和派普特（Seymour Papert）的指摘，成為決定性的一擊。他們指出，單層感知器無法解決線性不可分離（參見 Section24）的問題。雖然現在已經知道，理論上重疊複數層的感知器就能解決問題，但羅森布拉特發表的演算法沒辦法讓多層感知器學習。結果，確定該演算法難以解決現實的問題後，類神經網路在 1970 年代迎來停滯的時代。

停滯持續到 1980 年代，確立了現今類神經網路的學習演算法——誤差反向傳播法（在 Section37 解說）後，研究才繼續向前邁出步伐。雖然誤差反向傳播法早於 1960 年代就已構想完成，但並未受到關注便黯然退場。然而，1986 年確立了使用誤差反向傳播法的複數層網路學習手法，促使多層網路完成學習。而且，在這個時期，人們也完成卷積類神經網路（在 Section41 解說）的原型，並實用到能夠辨識手寫文字。

■ 1960 ～ 1980 年代的研究

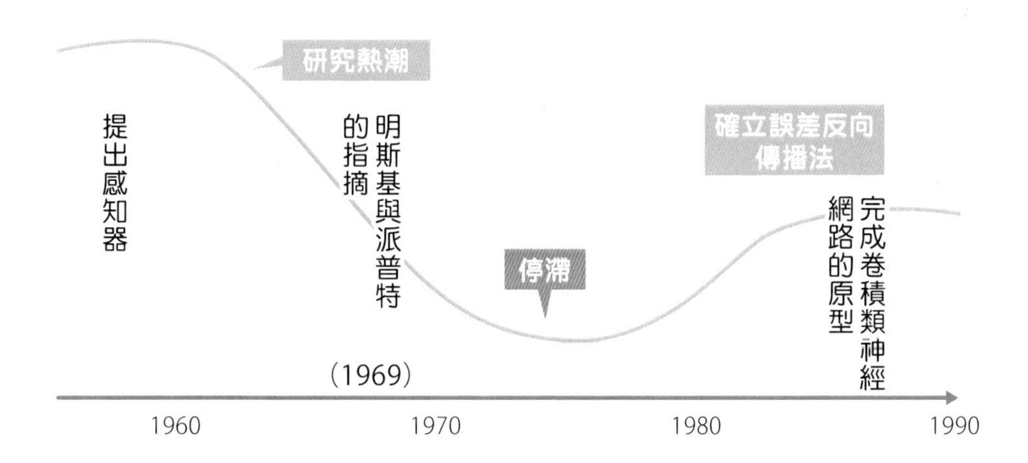

拉開深度學習時代的序幕

雖然 1980 年代出現確立誤差反向傳播法的進展，但 1990 年代至 2000 年代前半卻又再次迎接停滯時代。在重疊複數層的類神經網路，誤差反向傳播沒辦法順利「傳播」（梯度消失問題，在 Section39 解說），使得學習碰到障礙。而且，當時的電腦運算能力難以進行深層類神經網路的學習。在這段期間，支援向量機等不使用類神經網路的機器學習手法成為主流，類神經網路的研究熱度逐漸式微。

直到 2000 年代後半，使用類神經網路的深度學習研究才終於開花結果。2006 年電腦科學家辛頓（Geoffrey Hinton），在**深度信念網路（Deep Belief Network：DBN）**的多層網路上，提出有效率的學習方法。另外，他也揭露使用**受限玻爾茲曼機（Restricted Boltzmann Machine：RBM）**自動擷取特徵量的可能性。這正是深度學習的特長，促進卷積類神經網路辨識圖像飛躍性發展。

■ 1990 年代以後的研究

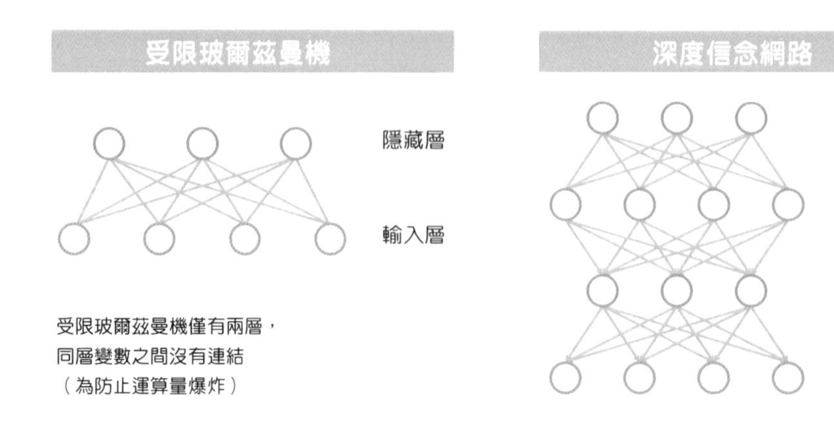

- 類神經網路是神經迴路的模型。

卷積類神經網路的親生父母是日本人？

說到機器學習、深度學習，容易給人是由 Google 等美國大企業、大學領導研究的印象。然後，中國企業、大學最近也散發強烈的存在感，許多人或許會認為日本不怎麼活躍。

的確，日本目前在這塊領域沒有顯眼的成績，但在類神經網路的歷史當中卻牢牢刻畫了日本人的名字—福島邦彥。福島先生，於 1980 年代提出名為「神經認知機（neocognitron）」階層型多層神經迴路模型。神經認知機跟卷積類神經網路一樣擅長圖像辨識，有著極為相似的架構，堪稱現代神經網路的原型。

下圖的 S 細胞、C 細胞分別表示單純（simple）細胞和複雜（complex）細胞，發揮擷取特徵、池化的功用。另外，各層之間進行與卷積相同的運算。隨著從輸入層往輸出層移動，捕捉的特徵也會從細微變得籠統，這點也與卷積類神經網路相同。

一想到今日理所當然使用的圖像辨識技術是來自於日本人的努力，就讓人感慨萬分。

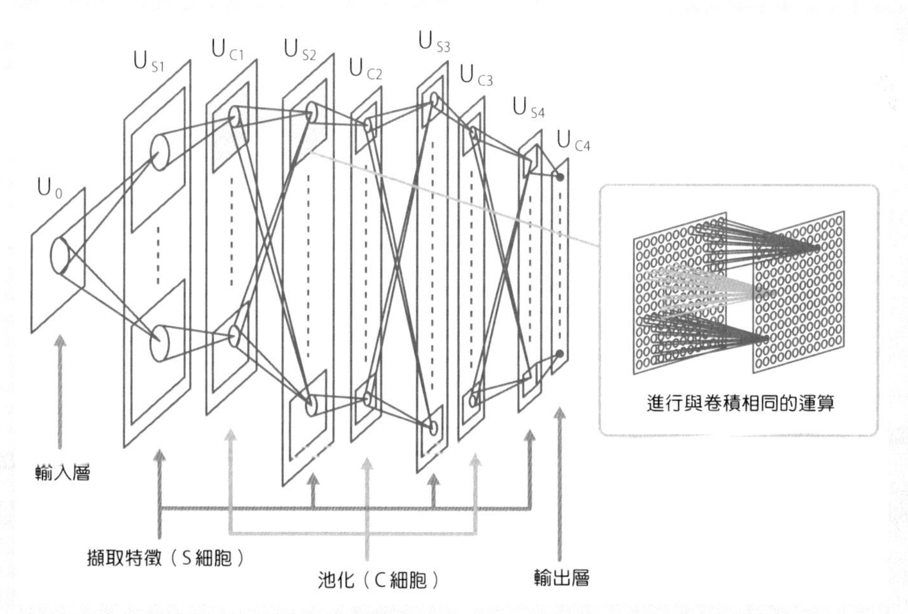

資料來源：圖形改自《人工智慧學會全國大會論文集，2016 年，JSAI2016 冊，第 30 回全國大會（2016）》的福島邦彥〈（OS 邀約演講）Deep CNN 神經認知機的學習〉的圖 1。

35 深度學習與圖像辨識

如同具代表性的「Google 的貓臉辨識」，世間傾向抱有“說到深度學習就想到圖像辨識”的印象。在這節，我們要來瞭解圖像辨識究竟是什麼，並進一步深入理解。

何謂圖像辨識？

電腦的圖像資料是像素的點集合，每個像素是以〔紅，綠，藍〕=〔30, 120, 80〕的形式來對應顏色。此時，圖像資料中沒有「這是什麼東西」的資訊。當人類觀看某圖像時，能夠瞬間辨識「這部分是人」、「這部分是天空」等構成圖像的各部分對應的是什麼東西，產生包含該資訊的「視覺」。然而，為了讓電腦產生同樣的認識，圖像必須具有「這是什麼東西」的資訊。所謂的**圖像辨識**，就是透過電腦來獲取該資訊的技術。

■ 人類與電腦的圖像辨識

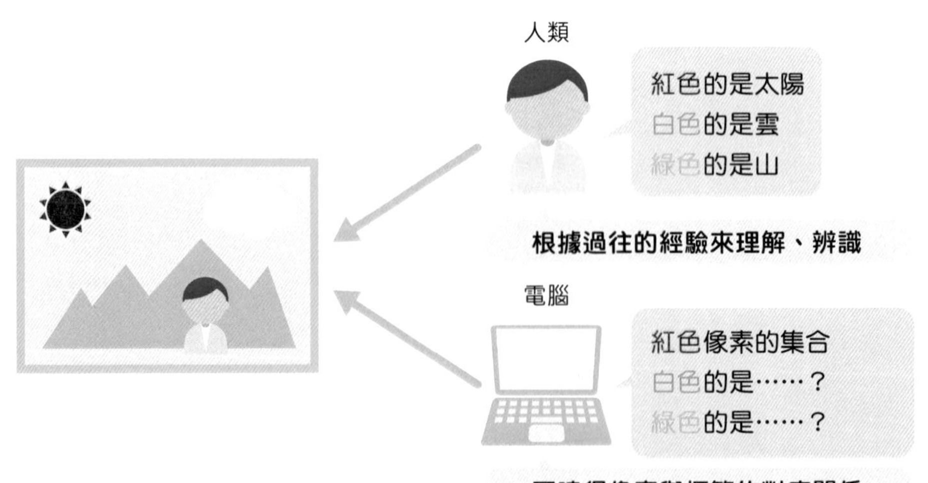

圖像辨識就是「模式辨識」

圖像辨識，換句話說就是「**模式辨識**」。這邊所說的模式是指，「紅色圓形的物體是蘋果」、「綠色腰形的物體是洋梨」等物體的圖像特徵。機器學習是先訓練由學習資料發覺這些模式，再於實際輸入資料時套用該模式來展現智能。就這層意義來說，機器學習適合作為圖像辨識的演算法。

然而，這樣說的話，為什麼圖像辨識不是隨著過往的機器學習，而是隨著深度學習的發展達到實用領域呢？兩者都是從學習資料發掘模式的演算法，照理來說過往的機器學習演算法，應該也能夠做到跟深度學習一樣的圖像辨識。

這個疑問的答案是，因為深度學習會自動學習「可從資料的哪邊發掘模式」。過往的機器學習在將資料輸入演算法之前，必須由人類指定應該關注資料的什麼地方來擷取數值（特徵量）（參見 Section09）。因此，對於圖像等多維複雜的資料，人類難以設定有效的特徵量。然而，深度學習能夠在學習過程中自動發掘適當的特徵量，有可能使用人類沒有注意到的模式特徵來處理資料。

■ 深度學習的圖像辨識

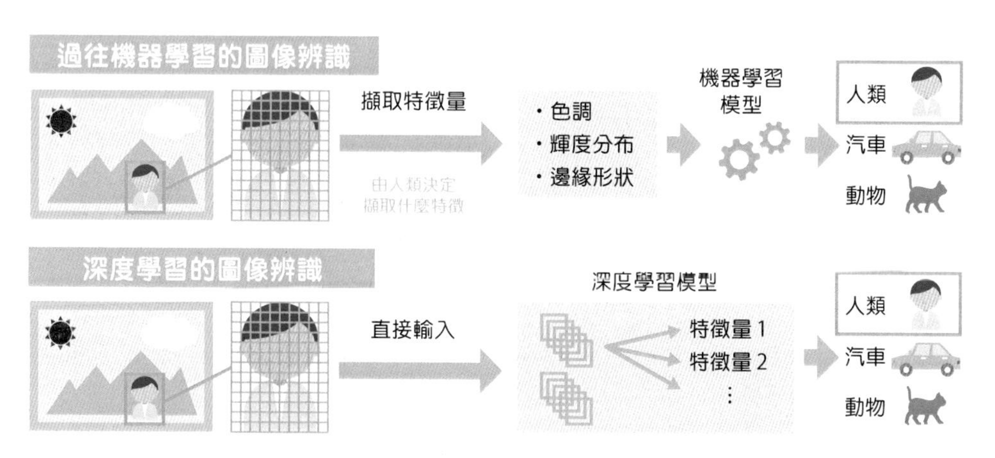

深度學習的圖像辨識演算法

瞭解原理後，接著來看深度學習的圖像辨識演算法例子。

首先是**物體偵測**。在偵測物體的時候，能夠獲得圖像的「何處」有「多少%的確信度」存在「什麼東西」的資訊。很久以前，數位相機等曾經搭載臉部偵測機能，但都是採用非機器學習的演算法，準確率並不高。物體偵測演算法導入深度學習後，變得能夠在各種狀況下偵測更多種類的物體。另外，在這樣的圖像辨識，「CNN（Convolutional Neural Network）」是最常被使用的類神經網路，關於 CNN 的細節留到 Section41 講解。

■ 物體偵測

運用 CNN 偵測物體的例子。跨坐在馬背上的人物、坐在欄杆後面的人物等，即便物體交疊也能夠偵測出來，顯見其性能之高。

資料來源：Faster R-CNN: Towards Real-Time Object Detection with Region Proposal Networks

圖像描述（說明文）生成

物體偵測是推測圖像中每個物體的標籤，但若結合深度學習的圖像處理與後述的自然語言處理演算法，就能自動生成描述圖像內複數物體互動的文章，這稱為**圖像描述生成（Image Caption）**。電腦圖像這樣辨識物體間關係性的能力，有可能爆發性地運用至其他領域，是現在備受關注的演算法之一。

圖像描述生成

Figure 5. A selection of evaluation results, grouped by human rating.

由左而右依序為綠色：完全正確、橘色：稍微錯誤、黃色：具有關聯、紅色：完全錯誤。雖然有許多錯誤的例子，但可說一定程度地讀取了圖像的大致印象。

資料來源： Show and Tell: A Neural Image Caption Generator（https://arxiv.org/pdf/1411.4555.pdf）

總結

- **圖像辨識是機械地掌握某物體的共通模式。**
- **深度學習擅長圖像辨識，正是因為能夠自動發掘模式。**
- **不只判斷「這是什麼的圖像」，還有可能解讀「這些物體在做什麼」。**

36 深度學習與自然語言處理

自然語言處理是指，讓電腦處理人類平常使用的語言（中文、英文等）。這節會說明自然語言處理的代表手法，以及結合深度學習和自然語言處理的任務、實際例子。

何謂自然語言處理？

所謂的**自然語言處理**是指讓電腦處理人類慣用語言（中文、英文等）的文本。在電腦世界，説到語言容易聯想到人工的程設語言，所以才刻意前綴「自然」來區別。人類的語言活動一般可分類為「聽」、「説」、「讀」、「寫」四個部分，但自然語言處理可想成僅負責其中的「讀」、「寫」。另一方面，由於「聽」、「説」必須處理聲音波形，許多時候不是當作自然語言處理，而是歸類為聲音處理的問題。然而，實務上多是「聽寫（聲音辨識）」、「讀説（聲音合成）」等，橫跨自然語言處理和聲音處理的任務，所以並未明確定義自然語言的範圍。

■ 自然語言處理中使用的技術

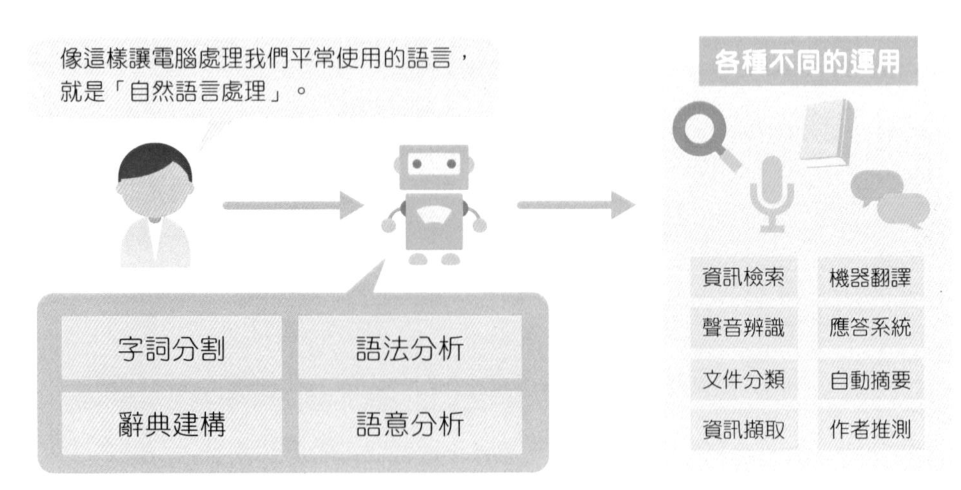

自然語言處理中具代表性的處理

自然語言處理多是進行 ① **構詞分析（morphological analysis）**、② **單詞的分散式表達轉換**。

① 構詞分析，簡單來說就是詞類分解，將文章分解為構詞（具有意義的最小單位）的排列，判別構詞詞類的處理。尤其日文、中文等單詞之間沒有空格，構詞分析顯得格外重要。另外，英文等單詞之間具有空格的語言，可還原成短縮形式等進行比較單純的處理。

② 單詞的分散式表達轉換是指，將單詞表達為數值的排列。這個數值的排列稱為**分散式表達**。電腦無法直接判斷單詞之間的意思相似度，全部會當成相同程度的差異來處理。因此，需要將文字轉為數值排列，而意思相近的單詞會形成相似的數值排列。然後，分散式表達相加減後，單詞的意思也會跟著相加減。順便一提，學習單詞的分散式表達的方法統稱為 **Word2Vec**。

■ 構詞分析與分散式表達的轉換

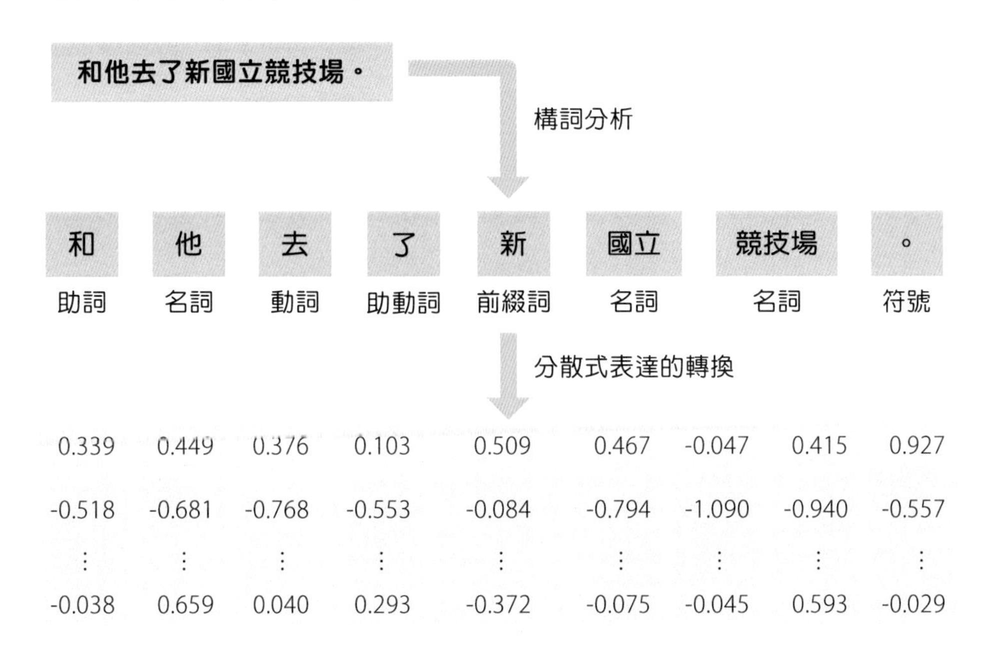

深度學習的自然語言處理任務

瞭解關於自然語言處理的基礎知識後，我們來看幾個運用深度學習的自然語言處理任務。

首先是**機器翻譯**。初期的機器翻譯進行非常單純的處理：① 逐字翻譯、② 依翻譯語言的文法重新排列。當然，這樣的處理效果不彰，我們將其替換成運用資料的統計機器翻譯，捨棄逐字翻譯、文法重新排列的設定，改為學習大量對譯文的資料庫，藉由逐句翻譯達到更為自然且正確的翻譯。經過這樣的流轉，最近變成以使用深度學習的機器翻譯為主流，能夠翻出相當自然的文章，但缺點是處理的語彙數量過少。深度學習的運算非常耗費時間，想在可實現的時間內完成學習，則必須限制語彙數量。

接著是**文件摘要**。文件摘要分為單一文件摘要和複數文件摘要，前者是針對單一文件，後者是針對複數文件生成摘要文。另外，摘要方式有擷取式手法和生成式手法，前者是從輸入文句擷取必要部分的手法，後者是生成輸入文句以外的單詞、短句的手法。新聞標題的生成是深度學習文件摘要的實用例子之一，屬於使用生成手法的單一文件摘要的類型。新聞標題與正文的組合容易從網路蒐集，可利用蒐集到的大量資料，大量進行實用性的研究。目前文件摘要碰到的課題，可舉 ① 需要比機器翻譯更多的輸入資料，與 ② 文件摘要的正解沒有絕對的評鑑基準等。

■ 深度學習的自然語言處理例子

機器翻譯

Google 翻譯

文件摘要

一名男性公司職員因盜竊未遂被逮捕。該名嫌犯是住在A縣B市的公司職員C。據警方消息透露，C涉嫌偷竊公司置物櫃裡的錢包……

男性公司職員因涉嫌竊盜未遂遭到逮捕

自動摘要生成 API 的例子

對話系統

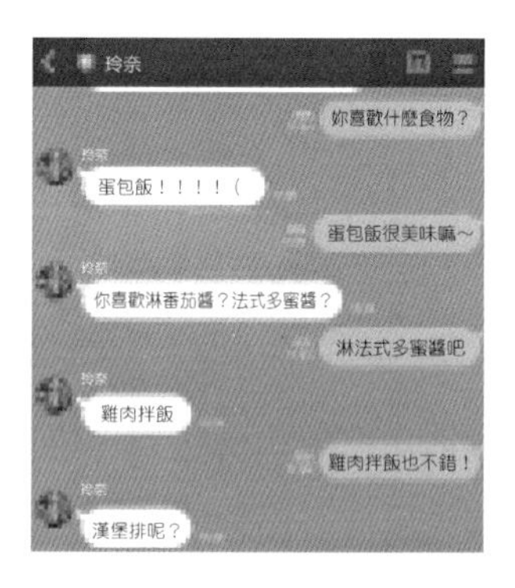

原女高中生 AI「玲奈」

聲音辨識

智慧音箱
Amazon Echo

使用深度學習的自然語言處理，大多採用遞歸類神經網路（RNN）的模型。關於 RNN 的細節會在 Section42 解說。

第三個是**對話系統**，比如 Apple 的 Siri、Google 的個人助理、Microsoft 的「玲奈」等進行對話的系統。對話系統的歷史悠久，1960 年代就已開發名為 ELIZA 的聊天機器人。ELIZA 會回覆使用者輸入的文句，宛若在進行對話一般，但性能表現僅比鸚鵡學舌好上一些，選擇事前設定好的應答內容，插入輸入的文句來回覆。如今使用深度學習後，變得能夠根據先前的對話履歷提出下一個話題。待解決的課題跟文件摘要一樣，可舉對話的正解沒有絕對的評鑑基準。另外，以 Siri 為代表的近代對話系統，除了能夠進行自然的溝通交流，也能夠適切回答使用者的提問。像這樣針對問題給予回覆的領域，稱為應答系統。

最後是**聲音辨識**與**聲音合成**。Siri 等近期的對話系統，除了文本輸入之外，也受理聲音的資料，輸出也通常是採取聲音和文本兩種形式，聲音與文本的處理具有密切的關係。從 2010 年到 2012 年透過深度學習，聲音辨識的準確率大幅提升了 33%，將過往部分聲音辨識交由深度類神經網路處理成為主流。並且，人們也已經提出將所有處理經由 DNN 進行學習（end-to-end）的模型。聲音辨識和聲音合成的模型具有關連性，聲音合成可採取同樣的程序來導入深度學習。尤其，導入 Google 聲音合成的 WaveNet 能夠合成自然的聲音，令眾人感到驚豔。

總結

- **自然語言處理的代表技術有構詞解析、分散式表達。**
- **深度學習的導入大幅提升了自然語言處理的準確率。**

6章

深度學習的程序與核心技術

瞭解深度學習的原理與運用例子後，終於要來講解其程序與核心技術。雖說如此，我們會盡量避免數學上的說明，使用身邊的例子簡單講解，還請放心地繼續看下去。

37 誤差反向傳播法的類神經網路學習

誤差反向傳播法是，比較正解資料與實際輸出來修正權重、偏差的方法。這在類神經網路的學習是經常使用的手法，務必確實瞭解清楚。

資料在類神經網路中傳遞的「正向傳播」

想要理解誤差反向傳播法，得先瞭解相反概念的**正向傳播**。輸入類神經網路模型的資料，會在名為**節點**的要素連結中傳遞，依照各節點所設定的參數（權重、偏差）進行各種處理與轉換，並於最終層輸出結果。這種由輸入至輸出的資料傳播流向，稱為正向傳播。類神經網路模型的預測、分類，就是利用這個正向傳播。

然而，類神經網路模型剛完成時，節點的權重是胡亂設定的，輸出的結果也不正確。因此，跟過往的機器學習演算法一樣，類神經網路也需要使用學習資料來學習。其具代表性的手法之一，就是本節將介紹的誤差反向傳播法。

■ 正向傳播

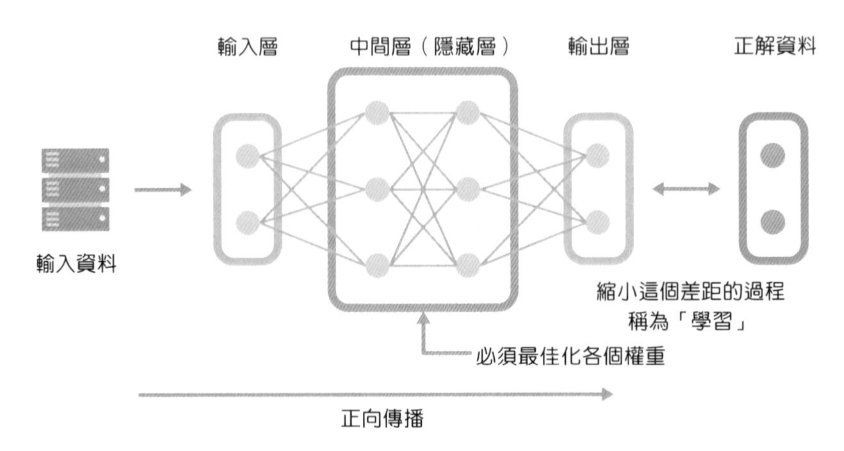

讓類神經網路學習的「誤差反向傳播」

誤差反向傳播（Backpropagation）如同其名，是將類神經網路的輸出與正解資料的差距（誤差）由後面節點（反向）往前推算來調整權重的手法。

如下圖所示，假設第（n ＋ 1）層節點的正向傳播計算值為 8，但由正解推算回來的節點值應為 10，則該節點的誤差（**局部誤差**）會是 10 － 8 ＝ 2。為了縮小該局部誤差，需要縮小更前面一層的誤差。假設前面第 n 層的三節點值應為 4、4、2，但正向傳播的計算值為 3、3、2，則各節點的局部誤差會是 1、1、0。接著，使用所有節點的局部誤差計算輸出與正解資料的誤差總和，調整各節點的權重來縮小該**損失函數**的值，學習成性能更好的類神經網路模型。關於縮小損失函數的權重計算方法，會在 Section38 詳細講解。

■ 誤差反向傳播法

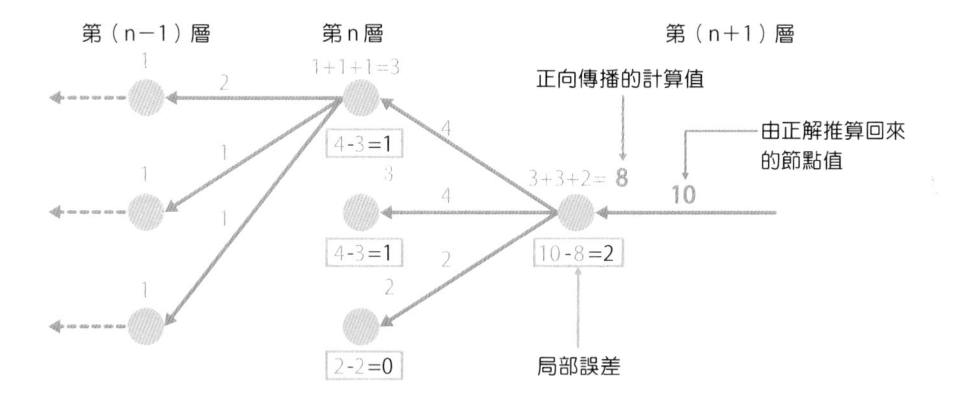

總結

- 資料從輸入傳遞至輸出稱為正向傳播，而反向縮小誤差的是誤差反向傳播法。

38 類神經網路的最佳化

讓機器學習、類神經網路的模型學習也稱為「最佳化」，概念基本上跟 Section33 的最佳化相同，但這節聚焦在模型的最佳化來說明。

模型的最佳化就是損失函數的最小化

如 Section33 所述，最佳化是「尋求某目標函數最大值（或者最小值）的解（最佳解）」。那麼，在模型的學習上，被最佳化的目標函數是指什麼呢？或許已經有讀者注意到，模型最佳化的**目標函數**是以 Section37「誤差反向傳播法」來計算的「損失函數」。損失函數的值是，描述模型輸出的結果偏離正解多少的數值，可由類神經網路各節點的權重、偏差來計算。換言之，模型的最佳化是指，找出縮小損失函數值的類神經網路權重。

■ 最小化損失函數

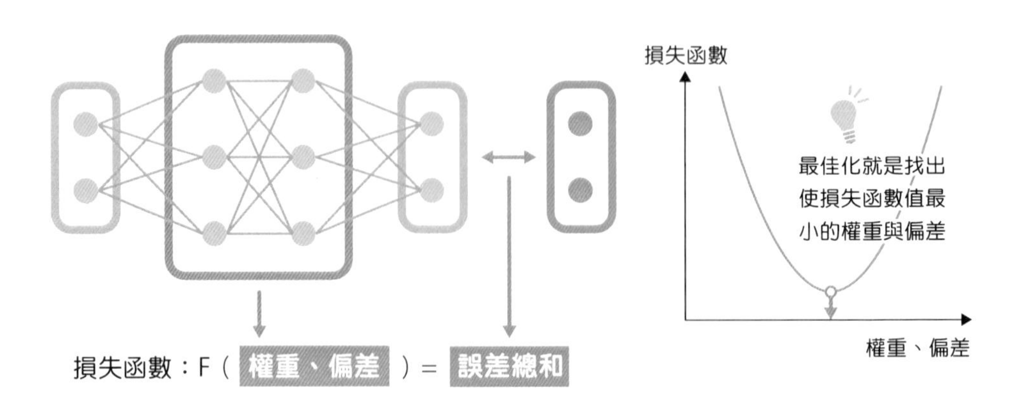

梯度下降法的思維

配合待處理的問題，最佳化存在各式各樣的手法。Section33 解說的遺傳演算法，主要用於尋找良好組合的問題（組合最佳化）。這小節會針對目前模型最佳化中最常用的**梯度下降法**，說明其基本原理。

首先，先來討論數值朝著某個解逐漸縮小的簡單損失函數。雖然數學上有更為細瑣的定義，但這種函數通常稱為**凸函數**。然而，實務上幾乎不會遇到由函數圖形來尋求最佳解的情況，能夠知道的僅有輸入某解的損失函數值，與該解的**函數梯度（斜率）**。比如，假設你行走在瀰漫濃霧僅看得見腳邊的山中，現在想要往下走至比當前位置海拔更低的場所。在這樣的狀況下，能夠做到的事就僅有「感受腳邊的梯度（斜率），朝著下坡方向往下走而已」。梯度下降法正是相同的思維，在名為損失函數的「山」朝著梯度減少的方向往下走（下降）。反覆調查梯度往下走（探索），當梯度變為平坦時，則認定該處為損失函數的最小值，將該處的解當作是最佳解。另外，梯度變為平坦、無法再繼續最佳化的情況，稱為「收斂」。

■ 梯度下降法就是「下山」

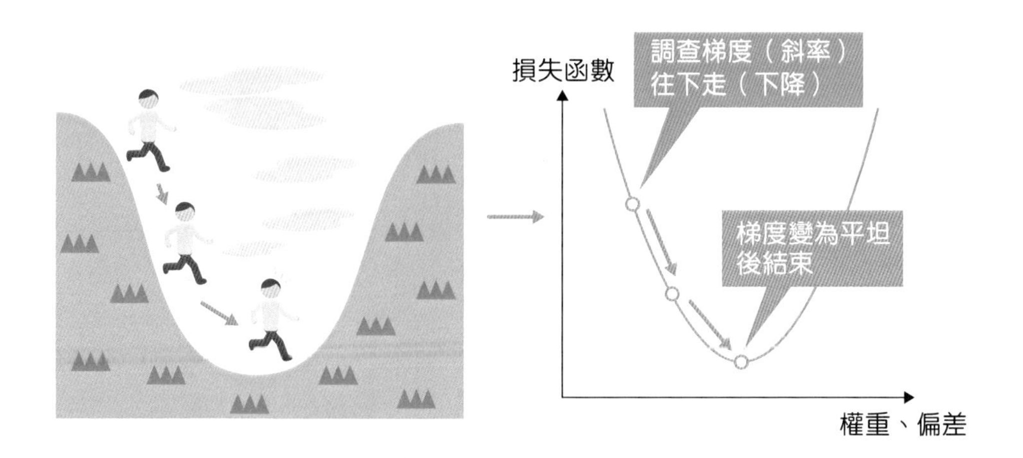

最佳化會碰到問題的「局部最佳解」

目前已知藉由梯度下降法，即便碰到不曉得整個函數的形狀，也能夠求得最佳解。然而，梯度下降法能夠找出所有情況的最佳解嗎？比如，討論如下圖的函數，跟剛才不同的是，它是具有複數峰谷的複雜函數。與前面的凸函數相對，這種具有複數峰谷的函數稱為**非凸函數**。非凸函數跟凸函數不一樣，梯度下降法未必能夠找到最佳解。因為根據最初從哪個位置（解）開始計算，抵達的場所會有所不同。

比如，若從下圖○的位置開始計算，順著眼前的下坡往下走，能夠的抵達最小值，但若從○的位置開始計算，求得的解僅只是該山谷的極小值。如同上述，藉由最佳化求得的解當中，是所有範圍的真正最佳解，稱為**全域最佳解（global optimal solution）**；而僅是某範圍中的最佳解，稱為**局部最佳解（local optimal solution）**。然而，最新的研究指出「即便僅能收斂到次佳的局部最佳解，也能透過深度學習獲得優異的性能」，這是不適用過往的機器學習常識的觀點。

■ 全域最佳解與局部最佳解

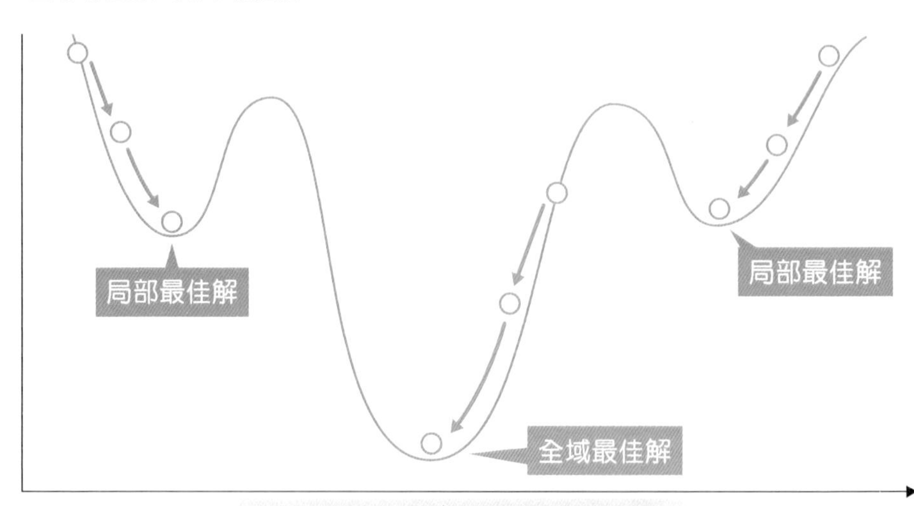

非凸函數必須設法迴避局部最佳解

具代表性的最佳化演算法

最佳化時應該注意的問題，除了局部最佳解之外，還有**收斂速度**與**學習率**的設定。如同字面上的意思，收斂速度是指藉由探索幾次來收斂。另一方面，學習率簡單說就是「探索的步伐大小」，步伐太小會遲遲無法收斂，太大又會直接跨越最佳解，需要謹慎地設定。為了解決這些問題，已經開發各種不同的最佳化演算法（Optimizer）。

■ 各種不同的最佳化演算法

SGD（機率梯度下降法）	利用每份學習資料得到的損失函數圖形存在微妙的差異，在依序替換資料的同時，隨機套用梯度下降法降低收斂至局部最佳解的機率。不擅長處理複雜的非凸函數，且學習率難以設定、收斂緩慢。
Momentum SGD	SGD 加入慣性概念的演算法，可在梯度降低的方向產生「勢頭」加速收斂。
Adagrad	由過去計算的梯度總和，根據每個參數改變學習率，想要細瑣探索的參數，設定較小的學習率；想要不斷往前探索的參數，設定較大的學習率，藉此進行有效率的探索。
RMSprop	Adagrada 的改良版，以指數移動平均計算梯度總和，注重最新的梯度。
Adam	結合 RMSprop 和 Momentum SGD 的演算法，收斂非常快，是現在最常使用的演算法。

總結

- **模型的最佳化就是損失函數的最小化。**
- **「容易獲得全域最佳解」、「加快收斂」等，有各種效用的最佳化演算法。**

39 梯度消失問題

類神經網路的學習會使用誤差反向傳播法，但需要注意梯度消失的問題，我們可使用各種手法來解決這項問題。

梯度的傳播

Section37-38 學習了最佳化類神經網路的方法。尤其，在 Section38 瞭解最佳化需要微分函數的數值（梯度）。在類神經網路中，梯度是從輸出側傳向輸入側，每通過一個階層都會受到該層梯度的影響。換言之，通過階層時，反向傳播過來的梯度得乘上該層的梯度。

用於最佳化階層權重的梯度，可想成是該層乘上右側所有的梯度，亦即計算梯度 × 右側的梯度 × 更右側的梯度 × 更加右側的梯度……。

■ 類神經網路梯度反向傳播的示意圖

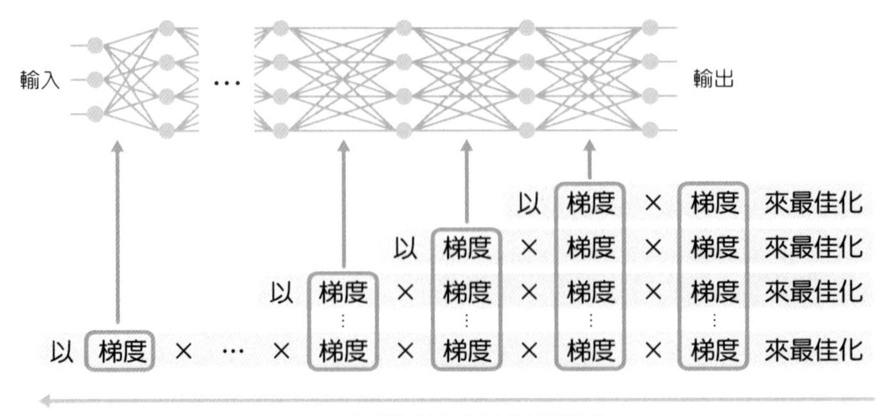

梯度相乘造成梯度消失

梯度的乘法運算，是發生**梯度消失問題**的原因。類神經網路的層數愈多，愈能發掘複雜的特徵，所以層數傾向設定得比較多。然而，層數設定得愈多，接近輸入層相乘的梯度數量也會愈多。如果梯度為連續的小數值相乘，則相乘這些小數值會造成接近輸入層的梯度變得非常小。由於電腦能夠表達的數值範圍有限，過小的梯度在電腦上可能直接被當成零。一旦梯度變成零後，更接近輸入側的階層梯度都會變成零，造成無法順利學習。這種乘上小梯度最後變成零的問題，稱為梯度消失問題。比如，激活函數之一的 S 型函數，容易在最大梯度 0.25 處發生梯度消失。因此，現在的主流不是使用 S 型函數，而是使用 ReLU 等函數（參見 Section34）。

除了改變激活函數之外，也可換成（使用 Xavier, He 的初始值）適當初始化權重、批次正規化資料的輸入等方法，來防止發生梯度消失問題。

■ S 型函數的梯度

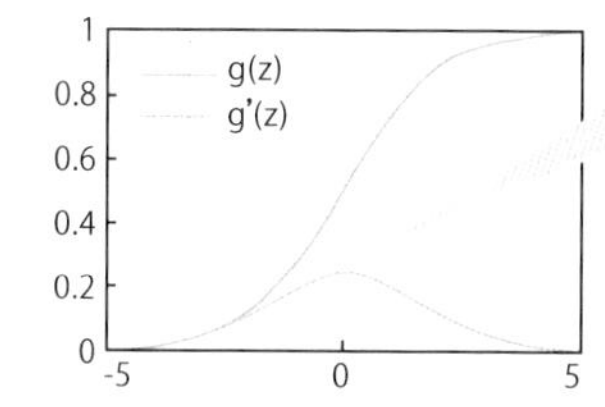

梯度 g'(z) 最大僅到 0.25

$$g(z)=\frac{1}{1+e^{-z}}$$

總結

- **梯度的乘法運算容易引起梯度消失問題。**

40 遷移學習

在一般的機器學習，必須根據不同的領域、資料、任務，分別製作模型來進行學習。然而，若是使用遷移學習（Transfer Learning），就能將某模型再利用到不同的任務、領域當中。

何謂遷移學習？

具體的例子可舉報章雜誌的報導與 Twitter 的推文，假設想要製作分析文章擷取話題的模型，考量到報導和推文的文體迥異，一般需要分別製作針對報導或者推文的特化模型。此時，領域和資料在「報導和推文」的劃分上不一樣，但任務同為「擷取話題」。換句話說，只要將分析報導的學習模型初始化，學習怎麼分析推文，就能夠有效率地完成針對推文的特化模型。像這樣將既存模型的架構轉移至新模型的學習方法，就是所謂的**遷移學習**。

如果遷移學習順利的話，就能夠再利用充分學習完成的模型，不僅可減少學習所花費的時間，還能提升模型學習結束時的最終性能。如同「從報導到推文」，改變領域進行遷移學習的方法，又稱為**領域適應**（**domain adaptation**）。

■ 遷移學習

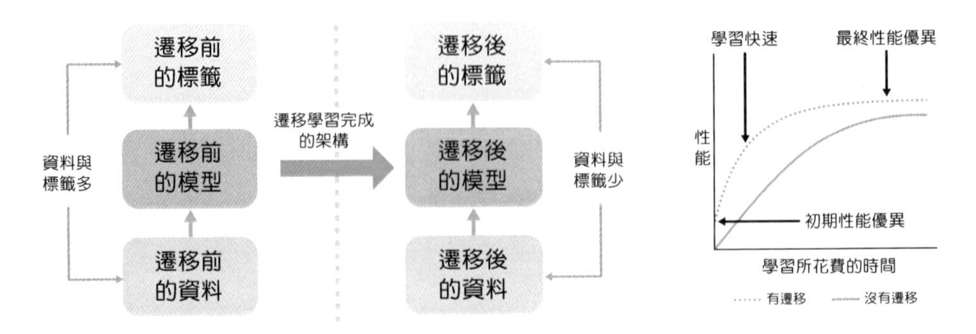

遷移學習的方法（特徵擷取與微調）

• 特徵擷取

過往的機器學習是從資料導出有助於學習的特徵，將其當作輸入資料，而深度學習是直接輸入資料（比如圖像的像素），輸出正確的預測結果。此時，深度類神經網路的最後階層是傳遞有助於分類的特徵量，所以將最後階層切離，換成 SVM 等過往的機器學習分類器，也能夠有效地分類。

• 微調

在圖像辨識的 CNN 中，已知最初階層是捕捉邊緣等一般特徵，而最後的階層會根據任務捕捉不同的特徵。比如，在人臉辨識的分類、貓臉辨識的分類，可想成最初階層捕捉輪廓，中間的階層捕捉耳朵、鼻子、眼睛等特徵，最後階層捕捉整個臉部的特徵。其中，最初的階層捕捉的特徵不會因任務而改變，所以學習一次後就不需要再次學習。然而，最後階層捕捉的特徵會因任務而改變，所以必須重新學習。如同上述，像這樣使用學習完成的模型，僅讓最後階層配合任務重新學習（些微調整）的方法，稱為**微調（fine tuning）**。

■ 特徵擷取與微調

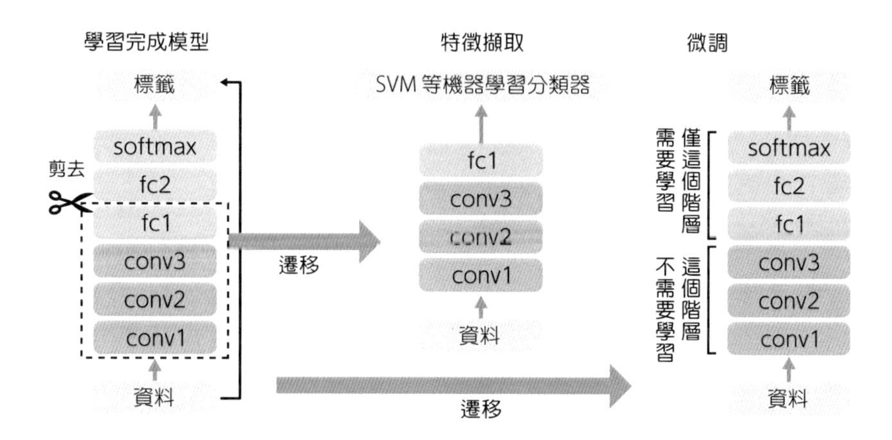

◎ 遷移學習的課題與相關領域

遷移學習也有待解決的課題，其中之一的**負向遷移**（**negative transfer**）是指，照理應該產生比一般學習擁有更好的性能，卻反而作出性能不佳模型的情況。如果遷移前和前移後的任務差異過大，就有可能發生這樣的結果，需要小心注意。

那麼，在不同領域間進行遷移學習的方法，有本節開頭先介紹的領域適應。下面會介紹領域適應以外的方法，但由於遷移學習的定義不明確，這些方法有時會被歸類為其他相關領域。

• 領域混淆（domain confusion）

領域混淆是，除了一般的數值輸出外，還輸出輸入資料的領域。假設針對古典和流行不同類別（＝領域）的曲子，製作分類曲風（悲傷的曲子、快樂的曲子等）的模型。領域混淆是以聲音資料為輸入，製作輸出曲風和曲子類別的模型。接著，為了輸出正確的曲風，會讓模型學習成刻意輸出錯誤類別的模型。如此一來，就可避免因類別混淆而特化成該類別的模型，而能夠正確地輸出曲風。

■ 領域混淆（使用類神經網路的例子）

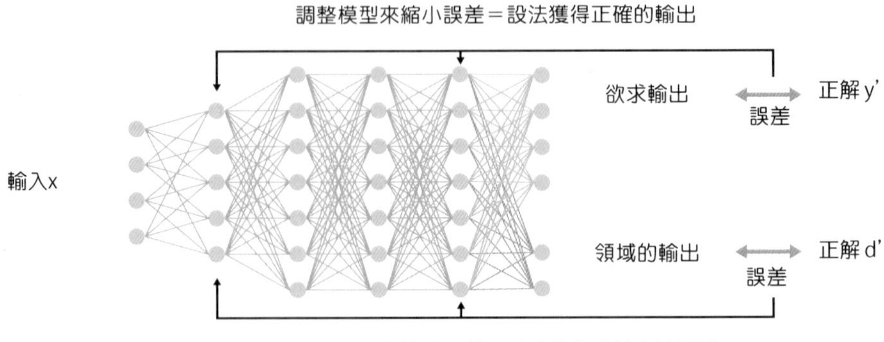

• 多任務學習

多任務學習（Multi-task learning）是同時進行複數任務的學習。而一般的遷移學習則是先讓模型學習特定任務，再將該學習結果運用到其他任務。

• 單樣本學習

單樣本學習（one-shot learning）是「聞一知十」的學習方法。就分類問題來說，現實中的所有分類不可能都有充足的附帶標籤資料。因此，目前正在研究即便僅有一個（或者少數）附帶標籤的訓練資料，也能夠正確輸出的學習方法。另外，人們也有研究縱使沒有特定標籤的訓練資料，也能夠輸出該標籤的零樣本學習（zero-shot learning）。

■ 多任務學習（使用類神經網路的例子）

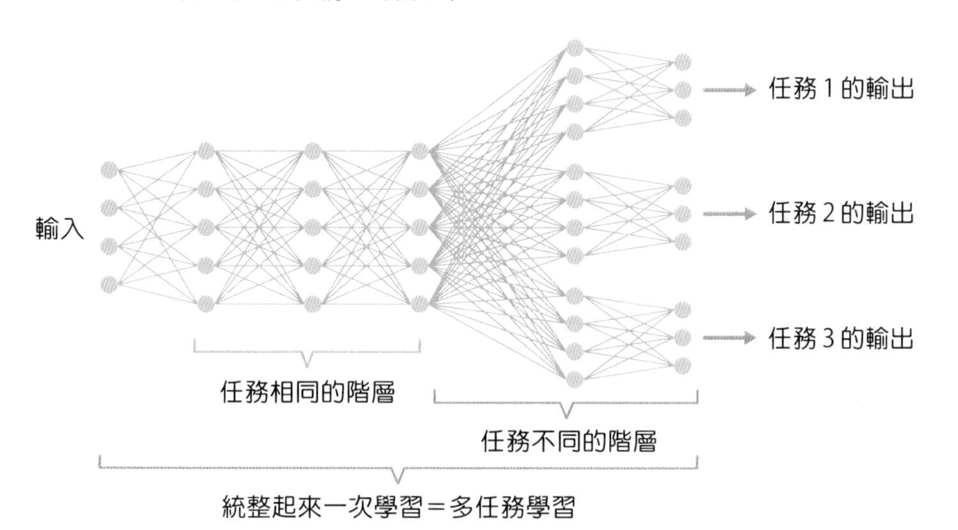

總結

▶ 我們能夠改變某任務的特化模型，作成其他領域的特化模型。

公開資料集與學習完成模型

由於深度學習需要眾多的資料，網路上公開了許多大規模的資料集（下表）。然而，個人實作深度學習時，有時從零開始學習並不切合實際。比如，以圖像的大規模資料集著稱的 ImageNet，擁有 1,400 萬多張 256 × 256 像素的圖像，容量超過 100GB。在個人實作深度學習時，進行資料的學習之前，根本不可能下載如此龐大的資料集。因此，網路上有公開學習完成的知名資料集模型。一般來說，我們會使用這種公開的學習完成模型來實作遷移學習。

近年來，自然語言處理任務的遷移學習受到注目。2018 年，人們提出名為 BERT（Bidirectional Encoder Representations from Transformers）的自然語言通用模型，它能夠藉由遷移學習獲得高準確率的預測結果。另外，目前已經公開學習完各語言資料集的模型，日語方面有使用日文版 Wikipedia 資料的 BERT 學習完成模型。

■ 常見的公開資料集（★是日本製的資料集）

圖像	文本	聲音
MNIST	IMDB Reviews	Free Spoken Digit Dataset
MS-COCO	Twenty Newsgroups	Free Music Archive (FMA)
ImageNet	Sentiment140	Ballroom
Open Images Dataset	WordNet	Million Song Dataset
VisualQA	Yelp Reviews	LibriSpeech
The Street View House Numbers (SVHN)	The Wikipedia Corpus	VoxCeleb
CIFAR-10	The Blog Authorship Corpus	★ JSUT コレクション（東京大学）
Fashion-MNIST	Machine Translation of Various Languages	
	★自然言語 理のためのリソース（京都大学）	
	★青空文庫	
	★ livedoor ニュースコーパス	

7章

深度學習的演算法

深度學習的演算法有非常多種，今後也會不斷推陳出新。本章僅會舉出具代表性的演算法，感興趣的讀者可再深入研究。

41 卷積類神經網路（CNN）

誤差反向傳播法是比較正解資料與實際輸出來修正權重、偏差的方法。這在類神經網路的學習是經常使用的手法，請務必確實瞭解清楚。

為何擅長處理陣列資料呢？

黑白的圖像資料，是以縱橫網格表示各像素輝度（亮度）的二維陣列，而彩色的圖像資料，是以三原色的紅綠藍（RGB）分別表示輝度的三維陣列。**卷積類神經網路（CNN）**能夠保持多維陣列的像素位置關係來處理資料。換言之，輸入層能夠接收保持位置關係的資料，後面階層的處理可運用該位置關係的資訊。因此，CNN 經常用於圖像辨識領域。

■ CNN 保持像素間的位置關係

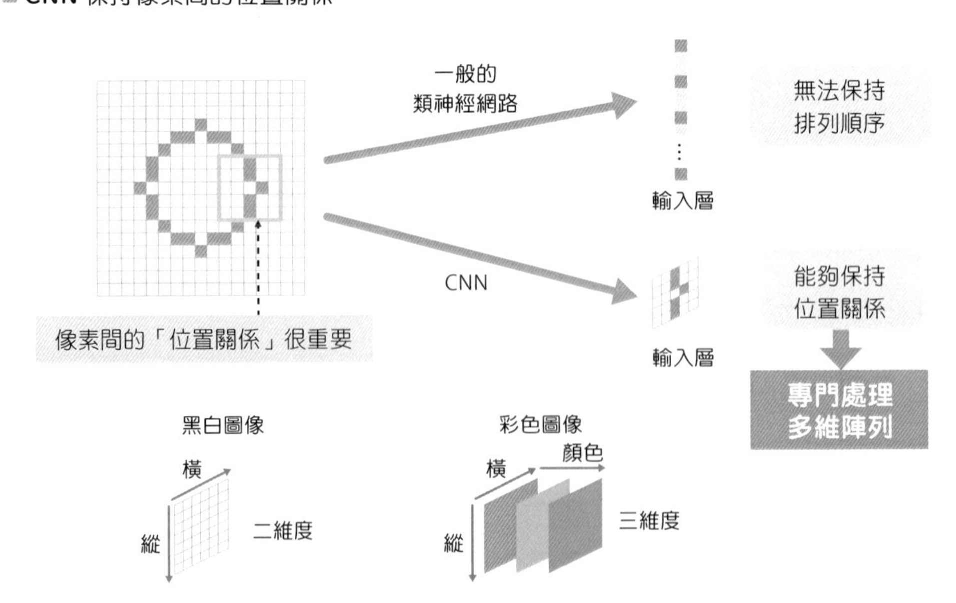

CNN 的結構

CNN 主要是由**卷積層（Convolution Layer）**、**池化層（Pooling Layer）**、**全連接層（Full Connected Layer）**所構成。一般 CNN 會是如下圖所示，由卷積層和池化層交疊，再接續幾個全連接層的結構。前半部分是反覆擷取圖像的特徵，雖然一層僅能擷取單純的特徵，但對擷取特徵作成的圖像再進行同樣的處理，就能夠表達複雜的特徵。而後半部分是將擷取的複雜特徵轉為特徵量，以特徵量的組合來進行預測、分類。使用這種 CNN 模型的話，能夠作成輸入狗、貓、人的圖像後，輸出正確標籤的演算法。

■ CNN 的基本結構

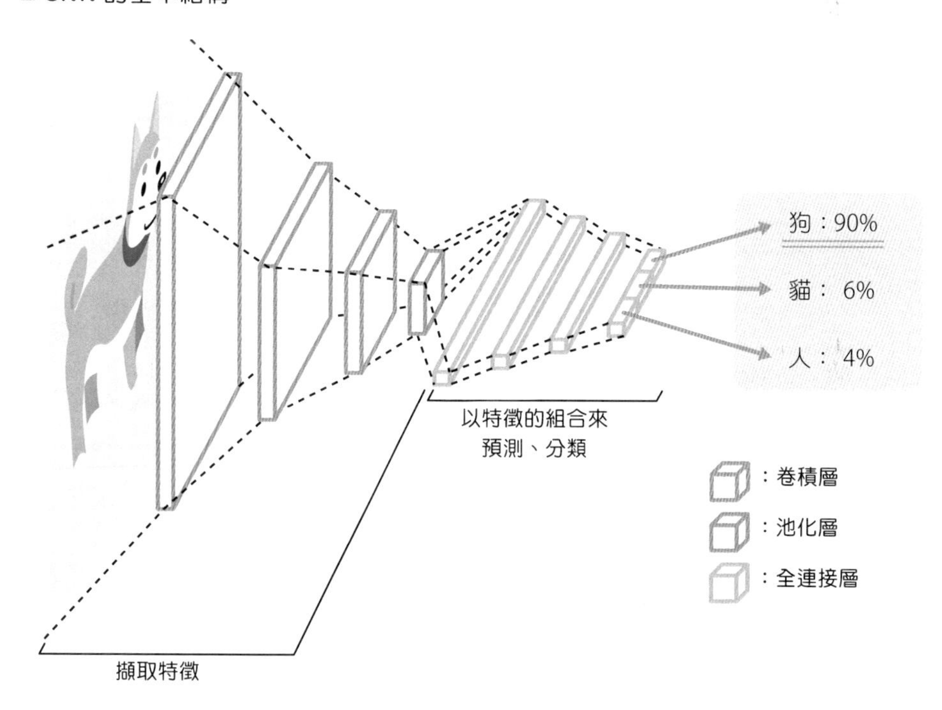

瞭解 CNN 的簡單程序和結構後，接著要更詳細解說各階層的功用。

卷積層的功用

在**卷積層**，會使用對圖像中特定形狀反應的卷積過濾器來過濾處理圖像。這些過濾器經過學習，會變成能夠有效判別標籤的形狀。比如，學習狗兒圖像的 CNN，會變成對狗的鼻子、眼睛、耳朵有反應的過濾器。輸入新的圖像時，卷積過濾器會逐一過濾圖像的每個像素，將過濾結果描繪成新的圖像。此時，圖像內與類神經網路一致的部分，會被強調地描繪出來。強調某部分特徵的圖像，稱為**特徵圖**。另外，有多少卷積層就會生成多少特徵圖，原本僅有一張的圖像也會得到複數的特徵圖。

■ 何謂卷積？

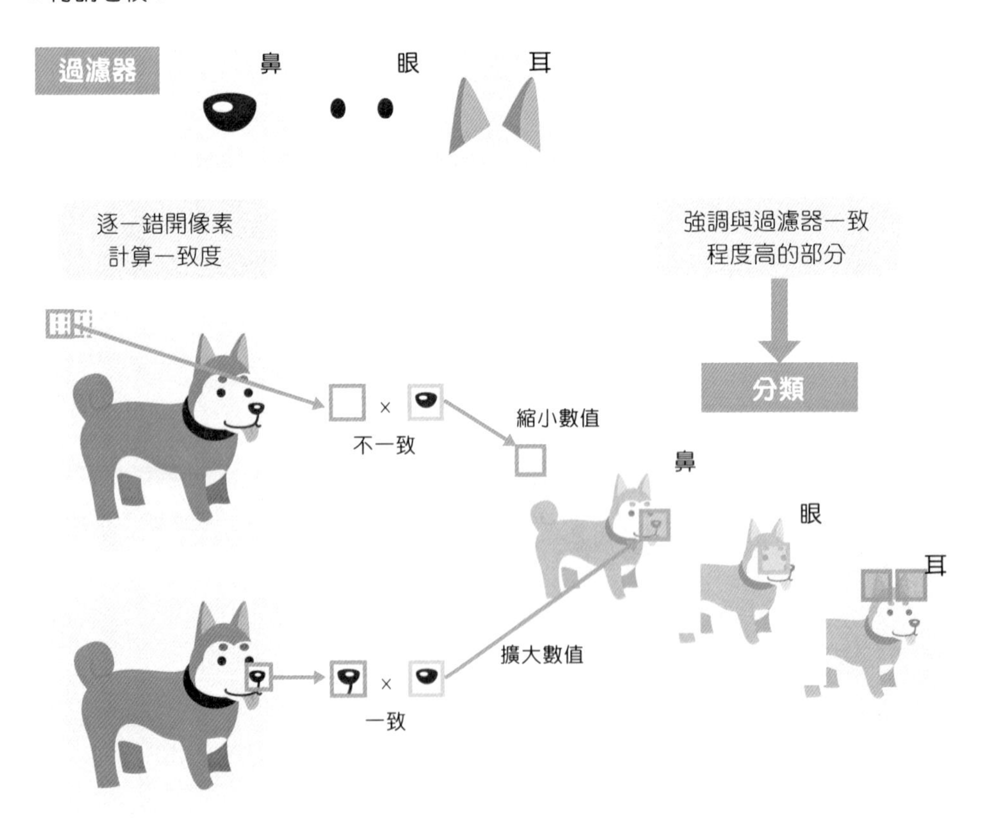

池化層與全連接層的功用

在**池化層**，會將某尺寸的窗格套用到圖像的所有區域，從該窗格擷取出 1 個數值來繪製新的圖像。數值的擷取方法有好幾種，常用於 CNN 模型的**最大池化法（Max Pooling）**是從窗格中擷取最大數值，比如下圖的例子。進行最大池化後，原先 4 × 4 的陣列資料會縮小為 2 × 2 的資料，並且反映各個窗格中的最大數值。

最大池化法（Max Pooling）

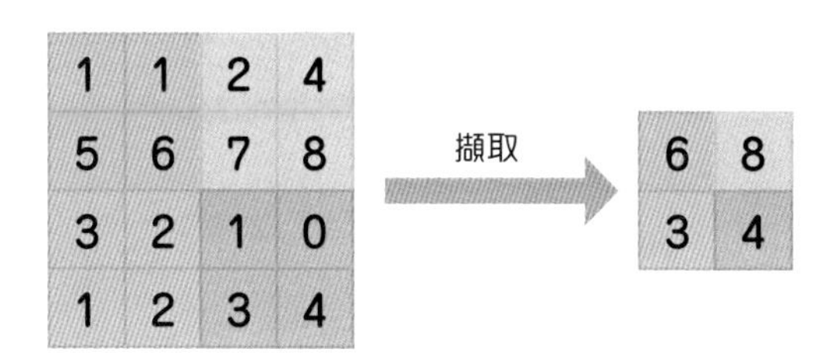

- 由於陣列縮小，能夠減少資料量。
- 以池化層統整複數像素的資料後，能夠靈活對應圖像內物體的位置、旋轉。

最後來說明**全連接層**。全連接層的結構跟一般的類神經網路相同，它讀取經由卷積層、池化層處理的特徵圖，擷取當中的特徵量，最後於輸出層輸出預測、分類的結果。這部分也與卷積處理相同，重疊複數階層能夠處理更為複雜有用的特徵量。

總結

- **在卷積層，會套用過濾器來生成特徵圖。**
- **在池化層，會透過窗格處理來壓縮資料。**
- **在全連接層，會從特徵圖擷取特徵量來預測、分類。**

42 遞歸類神經網路（RNN）

RNN 的特徵是考慮資料的順序來進行預測。文本資料、價格推移資料重視順序，所以必須使用 RNN 處理。最近，在文本資料方面的運用特別突出。

何謂遞歸類神經網路？

圖像識別是一個個獨立處理圖像來輸出，但有時也會想要輸入所有資料 1、資料 2、資料 3、……的序列資料（聲音資料、文本資料等）來輸出。比如預測語句的情況，若要預測「明天和家人去」的後面是「郊遊」，則得依序輸入「明天／和／家人／去」的單字序列。這類資料想要用類神經網路來處理，必須做到 ① 不限定輸入資料的數量、② 能夠對應綿長的輸入資料序列、③ 保持資料序列的順序，而**遞歸類神經網路（Recurrent Neural Network：RNN）**能滿足這些條件。

■ 遞歸類神經網路

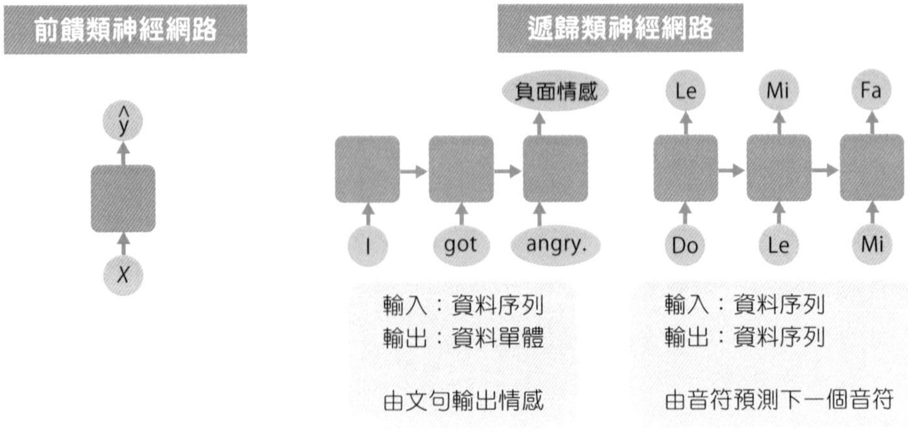

遞歸類神經網路的結構

請比較左頁下面的「前饋類神經網路」與本頁下面的「RNN」示意圖。RNN 多了迴圈來保持資料的狀態，以迴圈連接的網路部分合稱**遞歸細胞**（**recurrent cell**），遞歸細胞所保持的狀態稱為**內部狀態**，依照時間順序展開後，可畫成下圖右的鏈狀連結的網路。

下面來介紹處理的流程。首先，x_0 輸入遞歸細胞，內部狀態 h_0 記憶 x_0 的資訊後，再根據內部狀態預測出 $\hat{y}_0$。接著，x_1 輸入遞歸細胞，內部狀態 h_1 繼承 h_0 並記憶新資訊 x_1，再根據內部狀態預測出 $\hat{y}_1$。然後，x_2 輸入遞歸細胞，內部狀態 h_2 繼承 h_1 並記憶 x_2 的資訊，再根據內部狀態預測出 $\hat{y}_2$。以搶答問題來比喻這個流程的話，讀出來的問題內容相當於輸入 x_0、x_1、x_2、…；回答者聽聞問題的記憶狀態相當於遞歸細胞的內部狀態 h_0、h_1、h_2、…；隨著時間經過回答者的預想答案相當於輸出 $\hat{y}_0$、$\hat{y}_1$、$\hat{y}_2$、…。

以搶答問題比喻 RNN 的機制

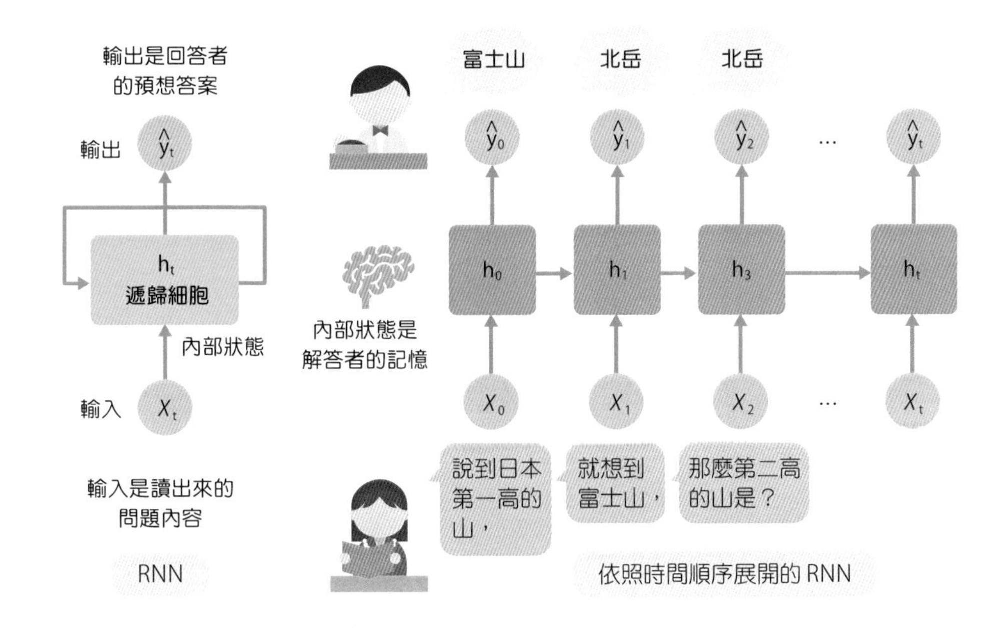

LSTM 與 GRU

一般的 RNN 會隨著時間經過發生梯度消失問題，所以誤差反向傳播法沒辦法順利學習，造成無法輸出比輸入時間點更早的資料。解決這個問題的方法之一是使用名為**長短期記憶（Long Short Term Memory：LSTM）**的網路結構。在 LSTM 的遞歸細胞中，附有調整資訊傳遞方式的閘門。一般的 RNN 是僅以接收前面時間點的內部狀態與輸入資料，進行單純的運算，而 LSTM 的計算需要決定 ① 捨棄多少前面的資訊（忘卻閘）、② 輸入多少新資訊（輸入閘）、③ 輸出多少資訊（輸出閘），細胞的內部結構複雜。除此之外，我們也經常使用簡化 LSTM 結構的**門控循環單元（Gated Recurrent Unit：GRU）**。GRU 模型的計算過程分為兩個階段：① 捨棄多少資訊（重置閘）、② 接收多少資訊（更新閘）。

■ LSTM

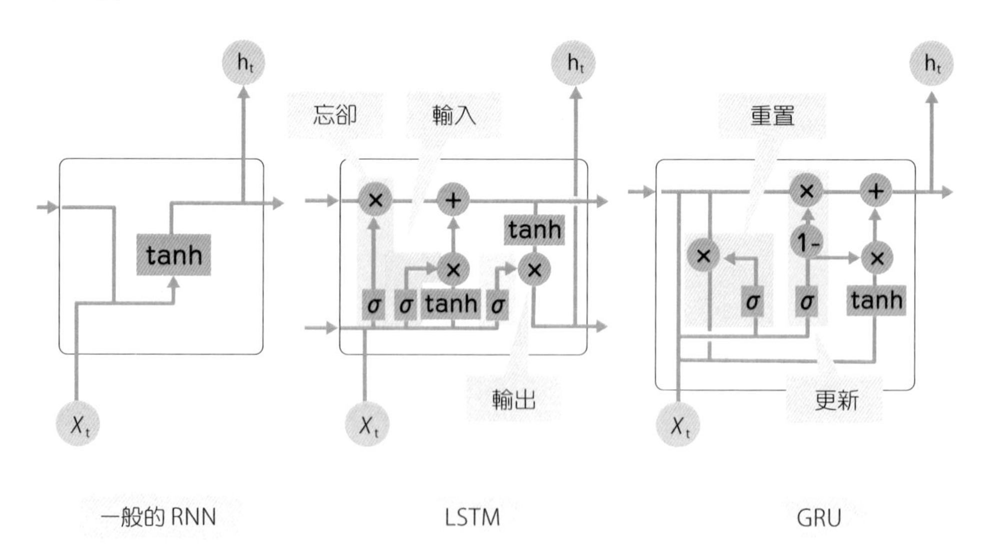

資料來源：https://towardsdatascience.com/understanding-lstm-and-its-quick-implementation-in-kerasfor-sentiment-analysis-af410fd85b47

雙向 RNN 與 Seq2Seq 模型

存在於一般 RNN 的梯度消失問題，可藉由 LSTM 獲得解決。LSTM 是 Long Short Term Memory（長短期記憶）的字頭，由字面上的意思可知，LSTM 是即便讀取比較長的序列資料，也能夠運用長期記憶來進行預測。然而，遇到非常長的資料時，LSTM 也可能會有沒辦法長期記憶，而忘掉最初輸入的情況。**雙向 RNN（Bidirectional RNN）**是可由前面預測也可由後面預測的模型，除了從頭依照順序，也能夠逆著順序讀取資料，藉此提升預測的準確率。

由此來說，雙向 RNN 等針對 RNN 的新結構提案，可說是用來提升自然語言處理的任務準確率。尤其，機器翻譯導入 RNN 後的準確率大幅提升。機器翻譯的主流是使用 **sequence-to-sequence（Seq2Seq）模型**，先將單詞的序列輸入 RNN（Encoder），輸入單詞後的內部狀態可視為單詞序列的壓縮資訊，接著將該內部狀態當作最初的輸入給予其他 RNN（Decoder），使其輸出單詞序列。

■ 雙向 RNN 與 Seq2Seq 模型

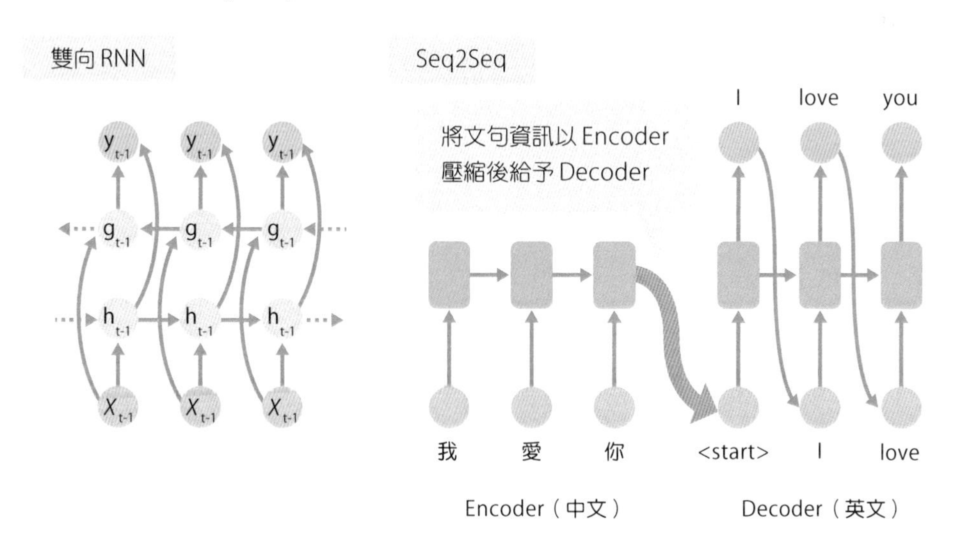

Attention 與 Transformer

在前頁介紹的 Seq2Seq 模型，會先將單詞序列輸入 RNN（Encoder）壓縮文句資訊，再使用其他 RNN（Decoder）將壓縮資訊還原成單詞序列。如此一來，即便是中文和英文等文法迥異的兩種語言，也能夠避免生硬的逐字翻譯。然而，文句的資訊不論怎麼處理，最後都會壓縮成 1 個內部狀態，導致 Encoder 和 Decoder 間產生資訊瓶頸。於是，人們提出 **Attention** 機制的方法，將尚未輸入完單詞序列的內部狀態也輸入 Decoder。這是以 Encoder 內部狀態改變應該注意的地方，同時輸出單詞，所以能夠提升翻譯的準確率。

另外，名為 **Transformer** 的模型最近受到注目。Transformer 使用維持 Encoder － Decoder 關係的結構與 Attention，但沒有使用 RNN。Transformer 具有被稱為 Self-Attention 的架構，藉由明確「某單詞與文章中哪個單詞高度相關」，來提升判斷文意的準確率。

■ 附帶 Attention 機制的 Seq2Seq 與 Self-Attention 的可視化

附帶 Attention 機制的 Seq2Seq 模型

最終狀態以外的內部狀態也輸入 Decoder

I love you

我 愛 你 <start> I love

Encoder（中文） Decoder（英語）

Self-Attention

能夠根據文意明確與 it 高度相關的單詞

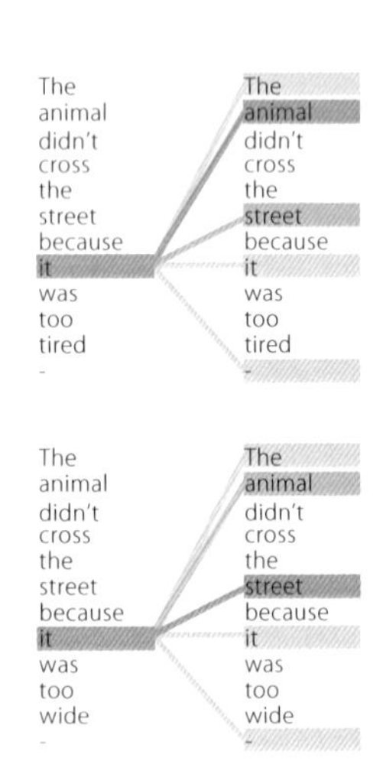

ELMo與BERT

RNN、自然語言處理的相關話題還有 **ELMo**、**BERT**，據說其名稱來自著美國兒童節目《芝麻街》的登場人物。這樣一想，感覺 ELMo、BERT 變得稍微親近一些。

• ELMo（Embeddings from Language Models）

請回想單詞的分散式表達，這是以數值的排列描述單詞，也可說是讓電腦理解單詞意義的表達方式。過往的分散式表達是與單詞的一對一對應。順便一提，即便單詞因文章脈絡而意義不一樣，也沒有辦法改變分散式表達的數值，使得電腦無法根據上下文意來捕捉單詞的意義變化。然而，透過以 LSTM 為基礎技術的 ELMo，能夠視文章脈絡的不同來改變分散式表達。

• BERT（Bidirectional Encoder Representations from Transformers）

跟 ELMo 一樣，通用語言模型的 BERT 也是輸出單詞的分散式表達。BERT 使用的不是 RNN 而是 Transformer，通常能夠得到比 ELMo 優異的分散式表達。由於優異的分散式表達可提升自然語言處理的任務準確率，BERT 在自然語言處理的各種任務中交出 SOTA（State of the Art：最高水準）的成績，今後的活用也將受到關注。

總結

- **RNN 可依序輸入序列資料，能夠用於聲音資料、文本資料等。**
- **LSTM 解決了 RNN 的梯度消失問題。**
- **透過 Seq2Seq、Attention，可提升機器翻譯的準確率。**

43 增強學習與深度學習

增強學習是近年備受關注的技術。於 2017 年，程式 AlphaZero 運用該技術學習數小時，在西洋棋、將棋、圍棋方面皆獲得超越人類的能力，頓時蔚為話題。

行動價值（Q 值）

增強學習有著各種不同的學習演算法，可粗略分為**基於模型（Model-Base）**與**不基於模型（Model-Free）**。基於模型是，思考「在自己所處的狀態下，採取行動時環境會如何變化？獲得怎麼樣的報酬？」來決定行動。另一方面，不基於模型是不考慮環境，以經驗來學習「在自己所處的狀態下，應該採取怎麼樣的行動？」。不基於模型又可分為基於價值（Value-Based）與基於策略（Policy-Based）。基於價值的演算法是，推測「某狀態下採取某行動的優劣」的價值（行動的好壞）。而基於策略的演算法是，學習「某狀態下應以多少機率採取什麼樣的行動」的對應關係。

■ 各種增強學習的演算法

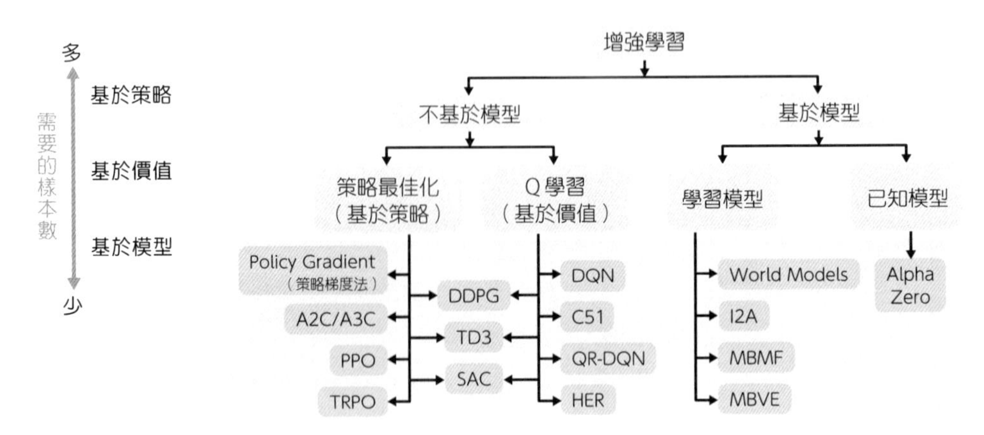

資料來源：https://spinningup.openai.com/en/latest/spinningup/rl_intro2.html

Q 學習與 DQN

Q 學習是以基於價值的方法，學習「某狀態下採取某行動的優劣」的行動價值，不斷更新（狀態，行動）→行動價值的對應關係。下表的網格數量是狀態 × 行動的數量，但狀態、行動的數量愈多，網格數會呈現爆發性增長，變得難以記憶表格。**DQN（Deep Q Network）**解決了該痛點，讓類神經網路學習輸入狀態對應各種輸出的行動價值，取代維持（狀態，行動）→行動價值的對應表格。實務上，DQN 除了將表格換成類神經網路，還下了各式各樣的工夫，Experience Replay 便是其中之一。事前記錄行動、行動前後的狀態、報酬，反覆將該記錄運用於學習。

在電子遊戲套用 DQN 時，狀態相當於電子遊戲的畫面，行動相當於按壓遊戲手把的哪個按鍵，而網路採用了擅長圖像辨識的 CNN。透過 DQN 學習的幫助，電腦在進行某些 Atari 2600 的電玩遊戲時，已經可以獲得凌駕於人類的分數。

■ Q 學習與類神經網路

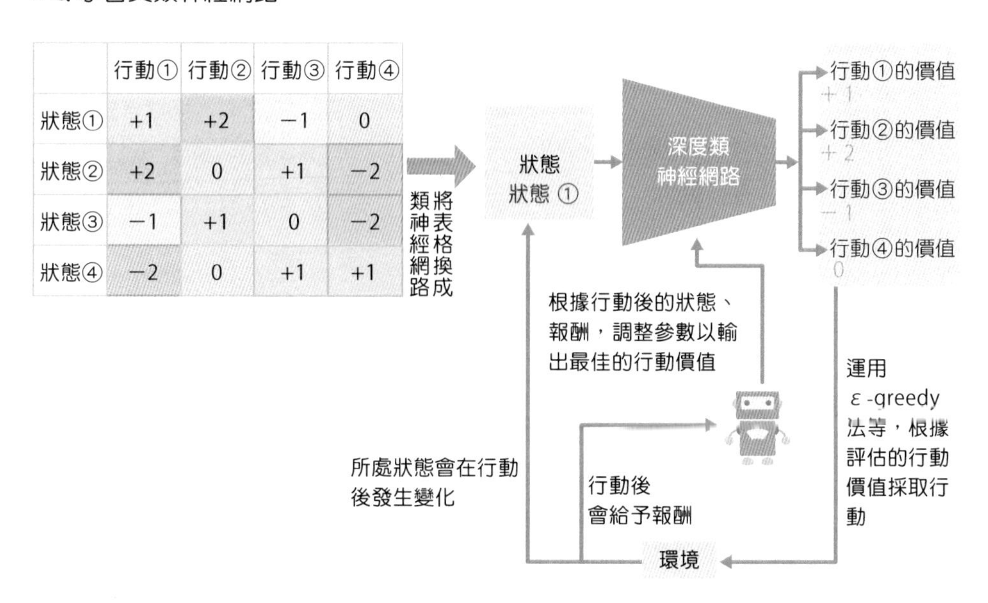

	行動①	行動②	行動③	行動④
狀態①	+1	+2	−1	0
狀態②	+2	0	+1	−2
狀態③	−1	+1	0	−2
狀態④	−2	0	+1	+1

ε-greedy 法

Q學習是學習「該行動具有多少價值」的行動價值，再以行動主體（agent）根據該行動價值來選擇行動。此時，行動選擇的方法常會使用ε-greedy 法。所謂的 **ε-greedy 法**，是指以 1 －ε 的機率選擇價值最大的行動，以 ε 的機率隨機選擇行動的方法。非總是選取價值最大的行動（greedy 法），偶爾胡亂選擇行動（ε-greedy 法）被認為是比較好的的方法。

為什麼這種方法比較好呢？因為完全沒有胡亂選擇行動的機會，也就不可能開拓新行動，一直沒有新行動會使學習效率變差（活用與探索彼此消長）。比如，假設反覆抽取 A 和 B 兩種籤筒，不斷抽籤直到第一次（從 A 籤筒）抽出中獎籤。此時，由於從 A 籤筒抽出 1 根中獎籤，但從 B 籤筒沒有抽出中獎籤，所以抽 A 籤筒的價值＞抽 B 籤筒的價值。如果這邊採取總是選擇價值最大的行動，則會是持續抽 A 籤筒。明明 B 籤筒也有可能抽出中獎籤，卻完全不抽 B 籤筒，不是明智之舉。這就是為何需要偶爾胡亂選擇價值非最大的行動。

■ ε-greedy 法

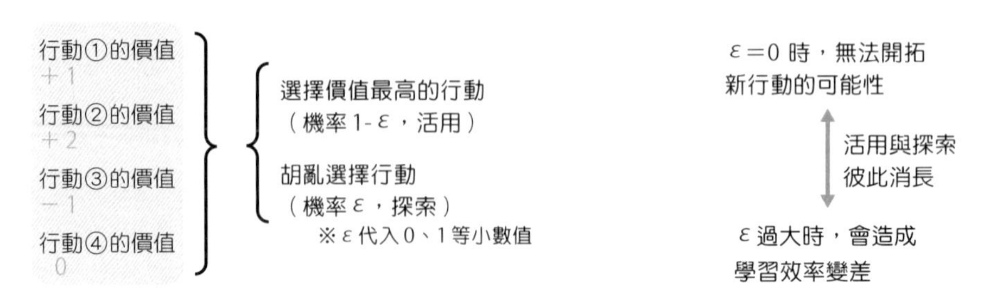

策略梯度法

接著來介紹跟推測行動價值的 Q 學習不同的**策略梯度法（Policy Gradient）**。策略梯度法不是計算行動價值，而是尋求在某狀態下「應該以多少機率採取什麼樣的行動」。由於行動是由機率決定（並非總是採取相同行動），所以不需要套用 ε -greedy 法。當遇到可能的行動數量非常多時，基於價值的 Q 學習會無法順利學習。而且，Q 學習沒辦法機率地決定行動。為了解決這些問題，我們會使用基於策略的方法。

基於策略的策略梯度法，其輸出會是採取各行動的機率。深度類神經網路以狀態為輸入，輸出採取各行動的機率。策略梯度法中的代表演算法 **REINFORCE** 會先反覆行動，蒐集狀態、行動、報酬的資料。蒐集資料後，提高獲得高報酬的行動機率，降低獲得低報酬的行動機率。雖然在學習訓練資料期間輸出結果容易不穩定，但策略梯度法的優點是達到獲得穩定的輸出結果所需要的時間較短，而缺點是學習上需要許多資料。

■ 策略梯度法（使用類神經網路的例子）

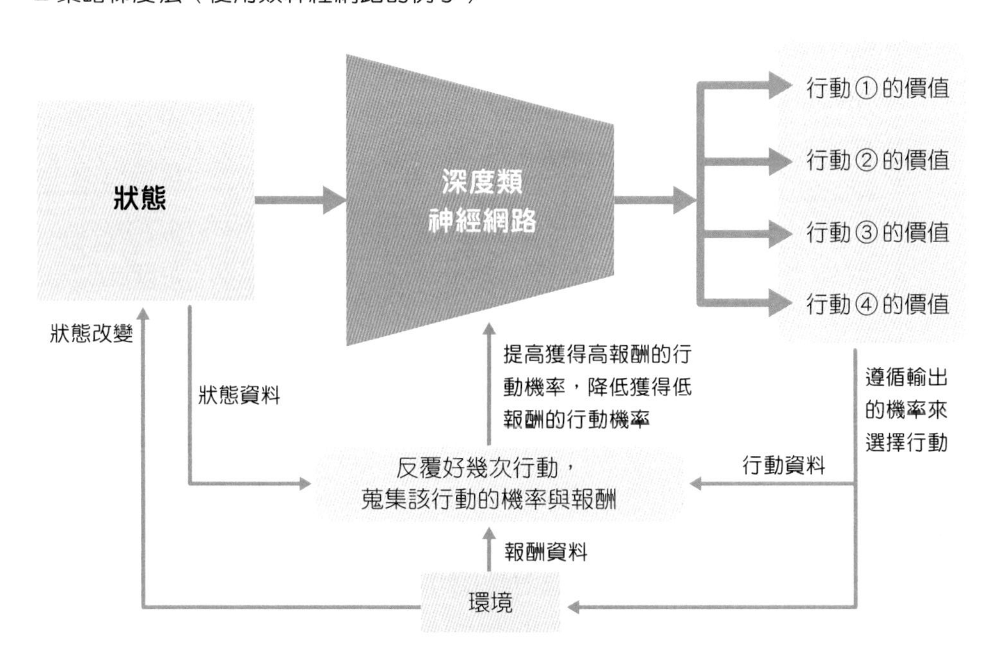

Actor-Critic

Actor-Critic 是結合基於價值和基於策略的演算法。另外，Actor-Critic 未必需要使用類神經網路，但這邊以使用類神經網路的例子來說明。

基於策略的 Actor 是以狀態為輸入建構輸出各行動機率的類神經網路；基於價值的 Critic 是以狀態為輸入建構輸出狀態價值（當前狀態的有利程度）的類神經網路。由 Critic 計算狀態價值，再根據 Actor 行動產生的報酬與 Critic 算出的狀態價值等資訊，更新類神經網路的參數。A3C (asynchronous advantage Actor-Critic)、A2C (advantage Actor-Critic) 等手法，是透過平行處理 Actor-Critic 演算法來提高學習效率。

■ **Actor-Critic**（使用類神經網路的例子）

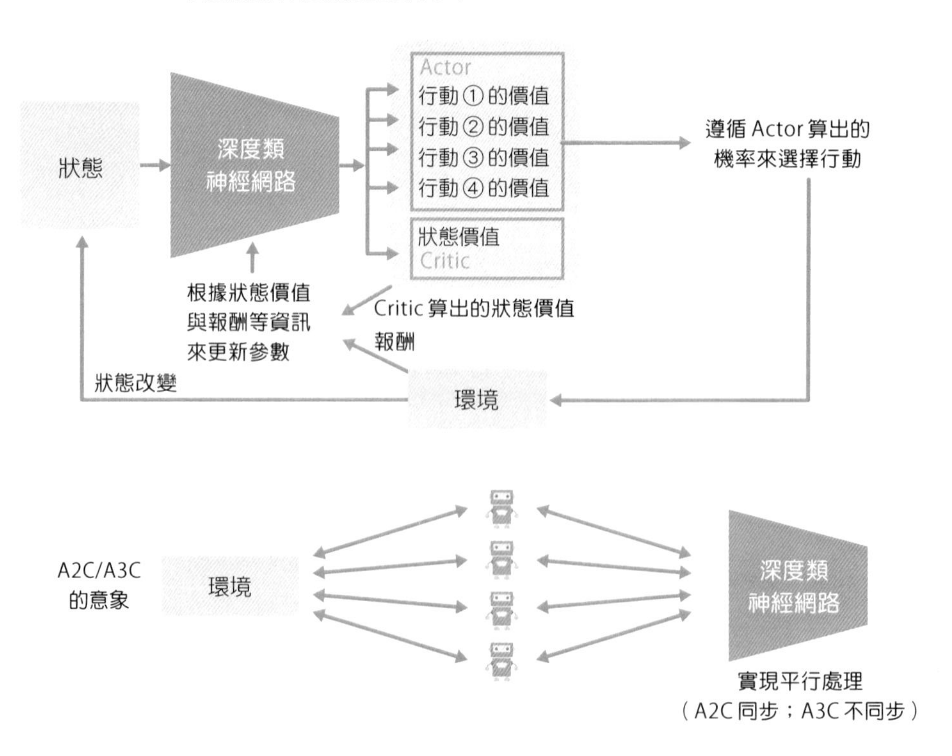

能夠體驗增強學習的 OpenAI Gym

前面大致學習了增強學習的基本，感興趣的讀者不妨前往模擬增強學習的平台「**OpenAI Gym**」，官網上刊登了各種教學文獻，可實際操作體會增強學習的有趣之處。另外，除了利用增強學習讓拖板車登上山丘的遊戲，該平台也能遊玩打磚塊等經典遊戲，寓教於樂地體驗增強學習。OpenAI Gym 也能夠自行製作遊戲，當累積一定經驗後，請務必參考官方文獻挑戰看看。

OpenAI Gym

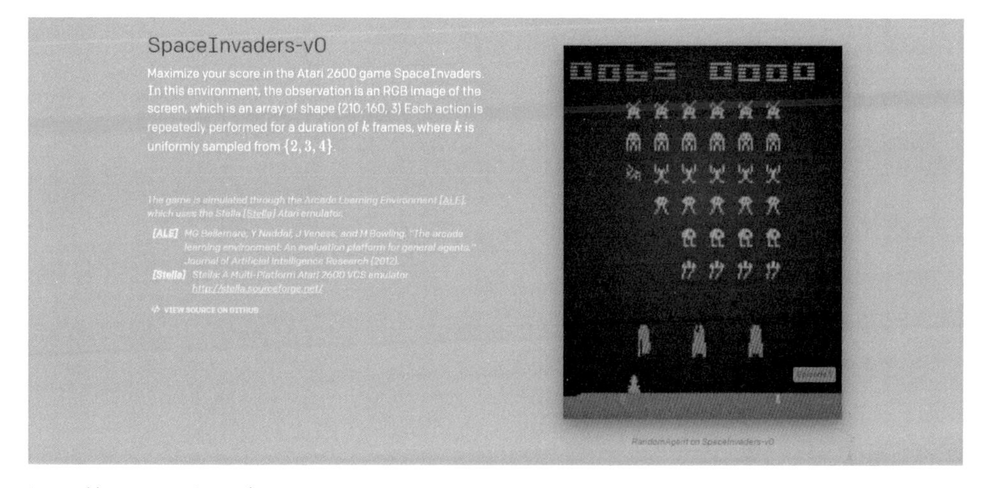

https://gym.openai.com/

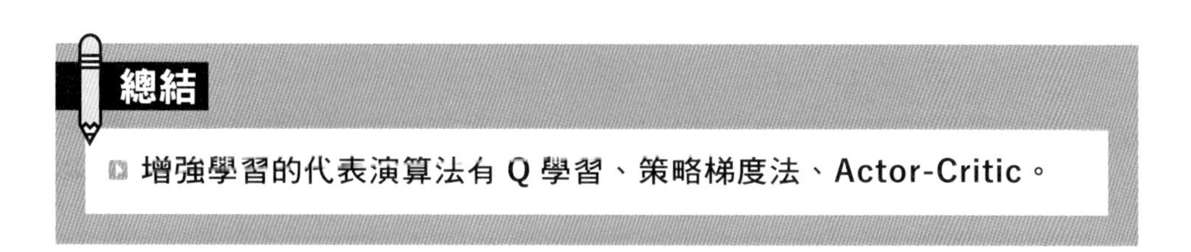

總結

- **增強學習的代表演算法有 Q 學習、策略梯度法、Actor-Critic。**

44 自動編碼器

自動編碼器（Autoencoder）是學習使輸入資料和輸出資料相同的類神經網路。雖然是單純的機制，但除了資料的維度縮減外，也能夠用來消除雜訊、生成新資料，是饒有趣味的演算法。

何謂自動編碼器？

自動編碼器是非監督式學習的類神經網路。自動編碼器最大的特徵是以作出「輸出與輸入相同的資料」的類神經網路為目的。一般來說，輸入資料原封不動輸出的模型沒有利用價值，但自動編碼器的關鍵是「中間層」。

自動編碼器的類神經網路，具有節點數少於輸出入層的中間層。節點數少代表能夠表達的資訊量少。比如，下圖是輸出入層和單層中間層構成的自動編碼器，該模型在學習輸出與輸入相同的資料時，中間層會形成「瓶頸」無法直接傳遞資訊。

■ 自動編碼器的結構

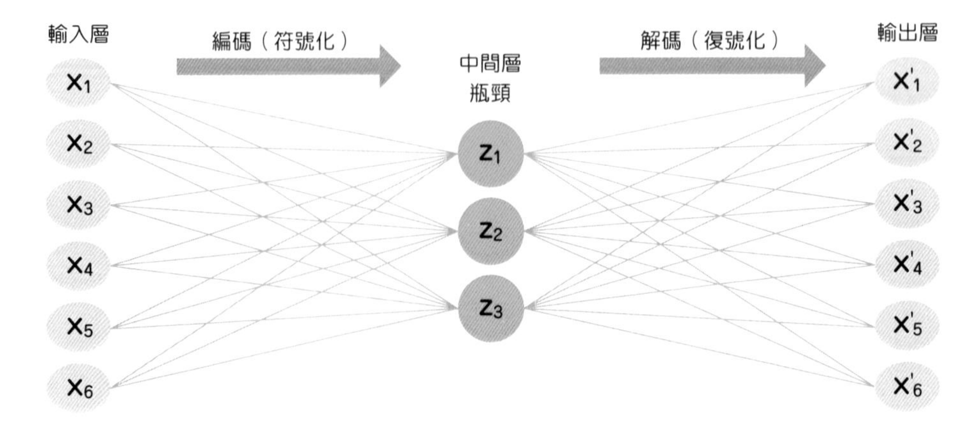

編碼（符號化）與解碼（復號化）

若資訊無法直接傳輸，會產生「中間層能夠表達的資料量」的限制。過程中，模型會學習盡可能在輸出層復原輸入層的資料，也就是學習如何以較少的資料量表達。這可說是以類神經網路進行維度縮減（參見 Section32），亦即自動編碼器可當作維度縮減的演算法來使用。在此方式獲得的瓶頸中，各節點的資料稱為**潛在變量（Latent variable）**。

另外，在從輸入層到瓶頸的部分，由於節點減少造成資料被壓縮，這部分的處理稱為**編碼（符號化）**。相反地，在從瓶頸到輸出層的部分，會將潛在變量恢復成原本的資料，這部分的處理稱為**解碼（復號化）**。藉由像這樣連結編碼和解碼來自動學習最佳編碼方法的過程，就是自動編碼器（自我符號化器）演算法的名稱由來。

自動編碼器的維度縮減

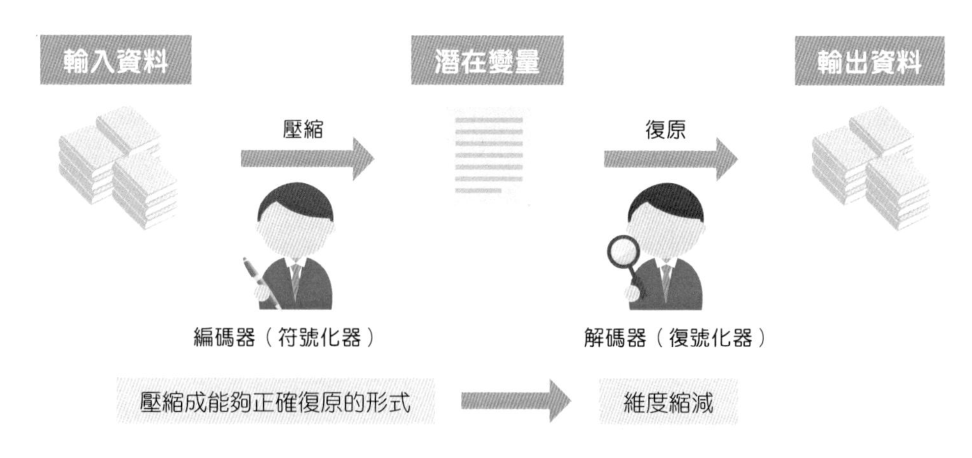

想要以自動編碼器進行維度縮減時，僅需擷取模型的編碼部分，再將潛在變量傳給輸出層就行了。潛在變量會直接變成經過壓縮的資料。另外，活用自動編碼器的「壓縮資訊」的特徵，能夠開發出如下一頁的編碼器。

各式各樣的自動編碼器

自動編碼器會進行各種改良，以便更有效率地學習。

CAE（Convolutional Autoencoder）是適用圖像學習的自動編碼器。誠如大家所知，卷積類神經網路（CNN）擅長捕捉圖像特徵，但自動編碼器也可做到同樣的事情。自動編碼器的編碼部分是由卷積層和池化層所構成，解碼部分是由卷積層和上取樣層（Upsampling layer；擴大圖像尺寸的階層）所構成。

DAE（Denoising Autoencoder）是輸入含有雜訊的原資料，並在消除雜訊的同時重現資料。相較於一般的自動編碼器，更能對抗輸入資料的雜訊、變化（頑強性提升），可獲得更佳的重現結果。

■ CAE（上半部）、DAE（下半部）的網路結構

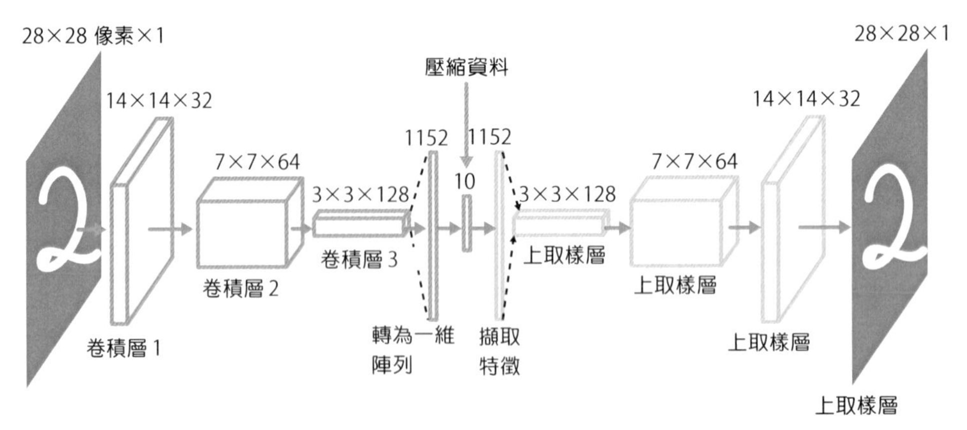

資料來源：https://link.springer.com/chapter/10.1007/978-3-319-70096-0_39

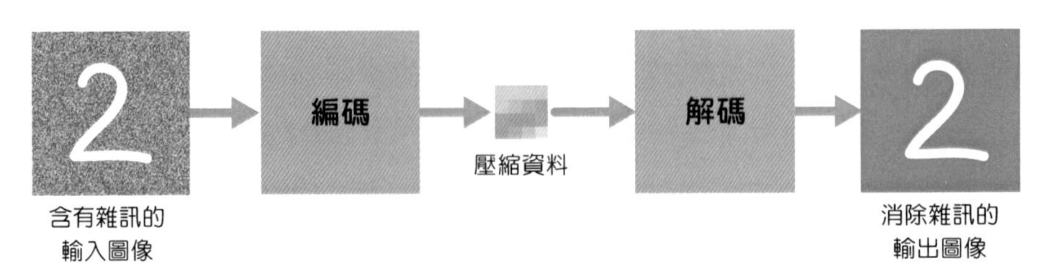

資料來源：https://blog.keras.io/building-autoencoders-in-keras.html

VAE（Variational Autoencoder）

前面介紹的自動編碼器僅能輸出與輸入相同的資料。然而，**VAE（Variational Autoencoder）**能夠輸出稍微與輸入不同的資料。有別於一般的自動編碼器，VAE 會算出在中間層被壓縮特徵的平均數和變異數，利用兩數製作中間層的新特徵資料，目標是輸出新的資料。

比如，輸入人類的全身圖像資料後，中間層會算出的身高平均和分散程度，根據這兩數輸出各種身高的圖像，這樣想可能比較容易理解。實際觀看 VAE 生成的圖像，可知成功產生了各種視角的臉部圖像。

VAE

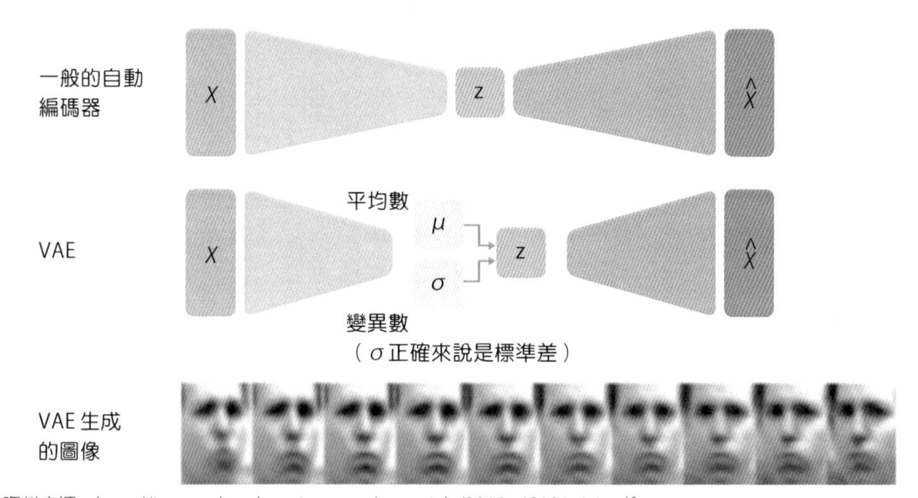

資料來源：http://introtodeeplearning.com/materials/2019_6S191_L4.pdf

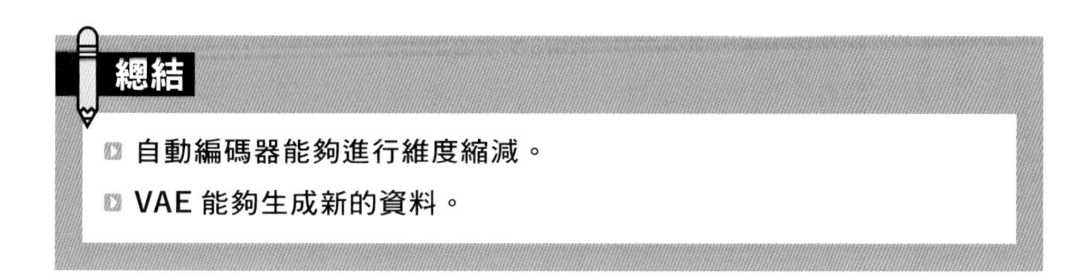

總結

- **自動編碼器能夠進行維度縮減。**
- **VAE 能夠生成新的資料。**

45 GAN（生成對抗網路）

GAN 是劃時代的演算法，實際證明不僅只預測、分類資料，深度學習也能夠進行「生成」，產生實際不存在的圖像、「加減」圖像的內容。

生成不存在的資料

GAN（生成對抗網路）是非監督式學習的演算法，以學習資料產生宛若實際存在的圖像等資料。這項能力接近過去認為電腦不具備的「創造性」，並且該演算法的通用性高，在機器學習、深度學習以外的領域也受到注目。

GAN 的結構如下圖所示，是連結兩個類神經網路。這兩個結構分別稱為**生成器（Generator）**和**識別器（Discriminator）**。GAN 生成不存在資料的方法，經常被比喻為「製作偽鈔的偽造者」和「識破偽鈔的警察」。偽造者＝生成器試圖製作警察辨別不出來的精巧偽鈔，而警察＝識別器能夠巧妙辨別真鈔和偽鈔。經過不斷反覆競爭後，偽造者變得能夠作成極為接近真鈔的偽鈔。這個競爭就相當於 GAN 的學習。

■ GAN 是偽造者和警察？

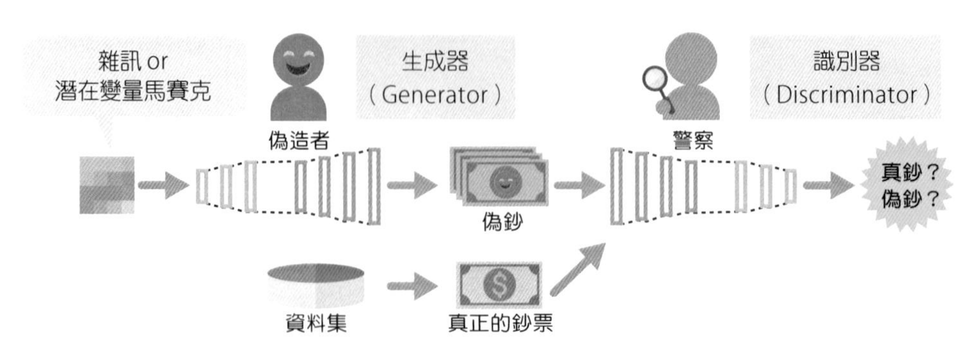

「辨識」與「生成」

GAN 透過學習來「**辨識**」與「**生成**」事件。這邊所說的「辨識」是將圖像等實物資料轉為色調、形狀等抽象資料，而「生成」是根據抽象的資料製作如同實物的資料。此時，實物資料稱為「**觀測變量**」、抽象資料稱為「**潛在變量**」，由 GAN 的識別器進行辨識、生成器進行生成。

雖說如此，生成器無法在沒有任何輸入的情況下生成資料，因為生成器的內部沒有變化的話，輸出的資料當然沒有變化。因此，在進行 GAN 的學習時，需要對生成器輸入雜訊，透過輸入隨機的數值，生成各種模式的資料。另外，想要以學習完成的生成器產生新資料，除了雜訊也可輸入潛在變量。指定輸入的潛在變量後，能夠某種程度地指定生成的資料內容。

■「辨識」與「生成」

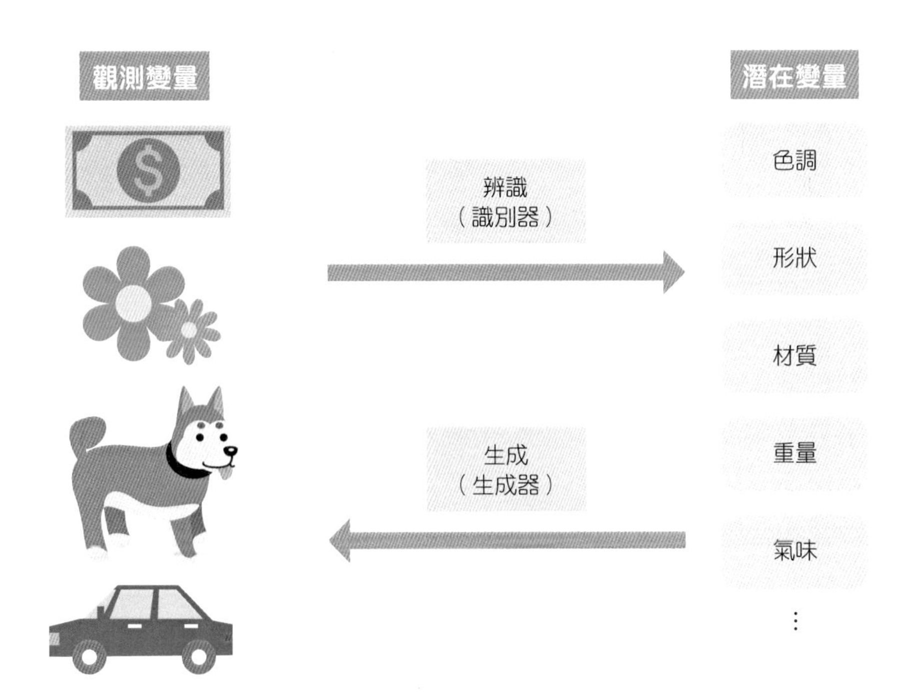

GAN 的可能性與課題

• 生成實際不存在的資料

GAN 能夠生成實際不存在的資料。比如，下面的例子是大量生成實際不存在的寢室相片。雖然過往的技術也能夠生成實際不存在的資料，但不是像這樣高解析度的圖像。就可比過往更精確生成具體詳細的資料這點來說，GAN 蘊藏了很大的可能性。

■ 實際不存在的寢室

資料來源：https://arxiv.org/pdf/1511.06434.pdf

• 運算資料屬性

GAN 也能夠加減學習過的資料屬性來生成新的資料。右頁上面的例子是「露出笑容的女性」減去「女性」的屬性，再加上「男性」的屬性生成「露出笑容的男性」圖像。除此之外，藉由加減「太陽眼鏡」的屬性，也有可能從「戴著太陽眼鏡的男性」的圖像生成「戴著太陽眼鏡的的女性」的圖像。

「露出笑容的女性」－「女性」＋「男性」＝「露出笑容的男性」

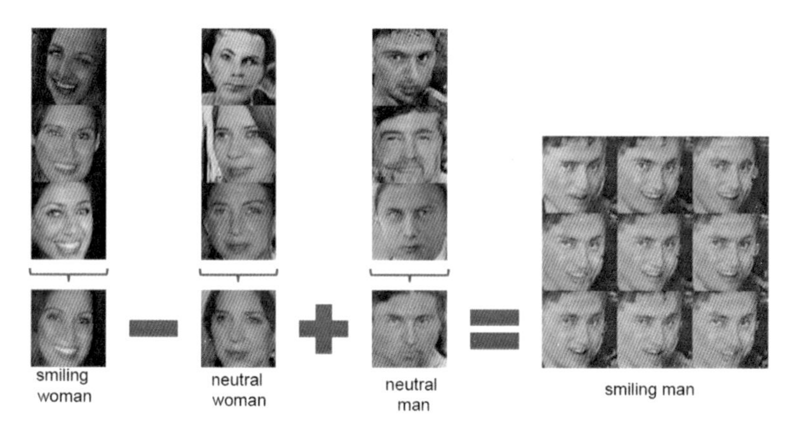

資料來源：https://arxiv.org/pdf/1511.06434.pdf

- **轉錄文章資料**

GAN 結合自然語言處理演算法後，能夠僅以文字描述情況來生成圖像，比如用文字指定鳥的羽毛、胸部顏色後，便可轉錄生成符合的圖像。

如同上述，GAN 在各種領域表現亮眼，但實務上仍有待解決的課題，比如**學習時的不穩定性**。GAN 因得促進兩個類神經網路相互學習，需要重視兩者之間的性能平衡。當其中一方的性能過於優異時，生成器可能產生沒有意義的圖像，或因學習的方向性而產生偏頗的資料（**模型崩潰：mode collapse**）。遇到這種情況，必須調整各類神經網路的參數，取得適當的平衡。

總結

- **GAN 能夠生成不存在的資料。**
- **生成器和識別器的性能平衡是關鍵。**

46 物體偵測

辨識圖像內容的技術，稱為物體偵測。這節會說明物體偵測演算法的進展轉變，與最新的演算法特徵。

何謂物體偵測？

物體偵測是指，從圖像中偵測特定物體的標籤、位置。一般來說，物體偵測會在圖像中生成如下圖的「**定界框（bounding box）**」，輸出含於矩形方框中的物體標籤。

Section41 解說的圖像辨識，主要是推測含於圖像中的物體標籤，而物體偵測還必須**鎖定該物體的位置**。物體偵測演算法本身早於十年前就已經登場，當時是用於數位相機的臉部偵測機能。然而，現在隨著技術的進步，性能出現飛躍性的提升，開始活用於眾多領域。

■ 何謂物體偵測？

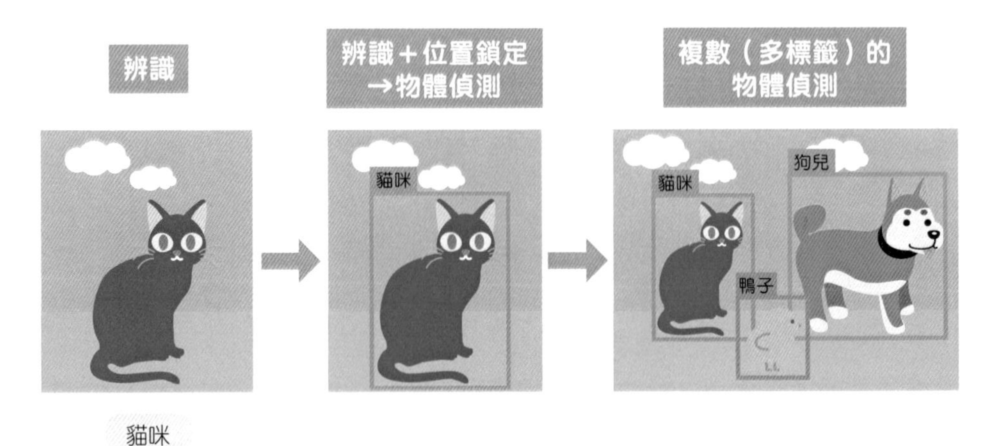

物體偵測技術的進步 ①（sliding windowmethod+HOG 特徵量）

物體偵測必須進行兩個任務：**決定關注的區域**與**推測物體的標籤**。針對這兩項任務迄今提出了各種演算法，下面就來舉具代表性的方法，並且解說進步的歷史。

• sliding window method+HOG 特徵量

在討論關注圖像的哪個區域時，最簡單的方法就是「關注所有區域」。**sliding window method** 是在整個圖像上滑動幾個不同尺寸的窗框（window），同時網羅所有區域擷取圖像，並推測這些圖像的標籤。由於是網羅所有區域，理論上不會有遺漏的物體。然而，實務上想要以各種模式的窗框網羅所有區域需要龐大的運算量，如何減少該運算量將是今後重要的研究課題。

另外，這個時期的推測標籤是使用支援向量機（SVM）來分類由擷取區域算出的 HOG（Histograms of Oriented Gradients）特徵量。雖然此手法的運算負荷相對較輕，但後來被使用深度學習的演算法所取代。

■ sliding window method+HOG 特徵量

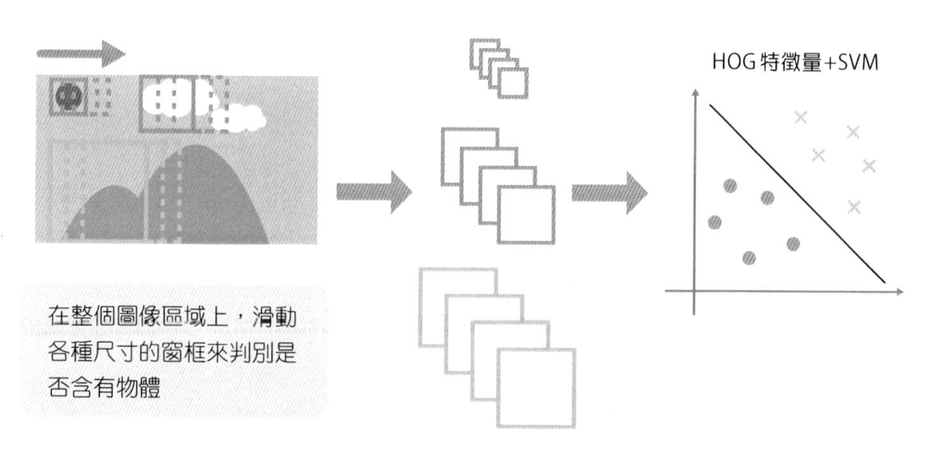

物體偵測技術的進步②（region proposal method + CNN）

• region proposal method + CNN

region proposal method 是反省 sliding window method 運算量龐大的問題，事先向演算法提議（propose）「物體可能存在」區域（region）的演算法。這能夠僅擷取物體可能存在的區域，來減少推測的運算量。另外，推測標籤的演算法，也使用深度學習演算法之一的卷積類神經網路（CNN），大幅提升了物體偵測的準確率。

然而，這邊也有問題點：「物體可能存在」的判斷準確率並不高。而且，region proposal method 本身還是需要相當大的運算量，這些都是有待解決的課題。具代表性的演算法有 R-CNN、Fast R-CNN 等。

■ region proposal method + CNN

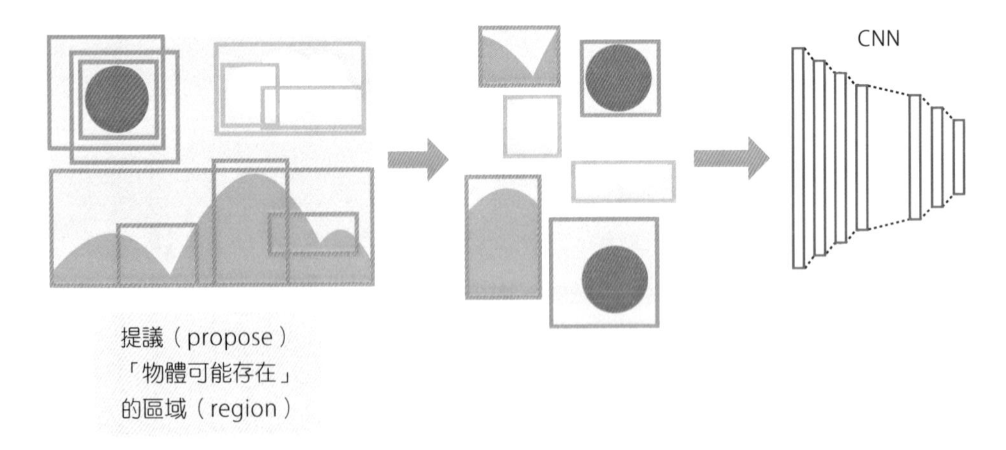

◎ 物體偵測技術的進步 ③（end-to-end）

• end-to-end

最後要解說的是 **end-to-end**。近年的物體偵測演算法，是以單一類神經網路來決定關注區域與推測標籤為主流。過去是對單一圖像大量擷取來推測其標籤，而 end-to-end 演算法僅需要輸入一個圖像，就能夠直接偵測物體。這並非單純將兩個演算法結合起來，而是以類神經網路最佳化連結決定關注區域和推測標籤的處理，實現更為快速的高性能物體偵測。具代表性的演算法有 Faster R-CNN、YOLO、SSD 等。

前面介紹了物體偵測演算的進展轉變，但實作時必須決定使用哪一種演算法。由於 ③ end-to-end 較為新穎，且對許多任務能夠發揮高性能，基本上建議使用類似於 end-to-end 的演算法。

除此之外，end-to-end 的代表演算法有以下 3 種。一般來說，物體偵測的識別準確率和處理速度彼此為消長關係，建議根據追求的性能來選擇演算法。

■ 物體偵測演算法的特徵比較

	識別準確率	處理速度
Faster R-CNN	◎	△
SSD	○	○
Yolo	△	◎

由於物體偵測演算法學習時使用的資料集，需要有物體標籤和定界框的資訊，資料集的製作負荷會比圖像辨識還要大。各大企業、團體已有發布對應物體偵測的資料集，不妨使用有趣的資料集來確認演算法的性能。

- **Open Images Dataset**

它是 Google 發布的通用資料集，V5（Version 5）目前可使用 1500 萬以上的資料。另外，一部分的資料集能夠對應沿循物體輪廓生成定界框的分割掩碼（segmentation mask），也可用於次世代的物體偵測演算法。下圖左是“apple”的檢索例子。

- **Cityscapes Dataset**

由以賓士等品牌聞名的法國戴姆勒（Daimler）集團所提供的自動駕駛資料集。這是實際從街道上行駛車輛取得的資料，能夠對應分割掩碼。下圖右是德國都市「圖賓根（Tubingen）」的街道狀況。

■ 各種物體偵測資料集

https://storage.googleapis.com/openimages/web/index.html

https://www.cityscapes-dataset.com/examples/

總結

- **物體偵測需要討論「關注哪個區域」與「物體是什麼東西」。**

8 章

系統開發與開發環境

終於到了最後的章節。本章會確認實作機器學習與深度學習時需要什麼樣的開發環境，並解說主要的程式語言、框架以及必要的電腦工具規格。

47 編寫人工智慧的主要程式語言

程式語言是人類用來向電腦傳達命令的語言。如同人類的語言會因地區、風俗而異，程式語言也會因程式目的、動作環境而不同。

選擇語言時的重點

這並不僅限於人工智慧程設，編寫程式的重點在於**使用符合目的的程式語言**。對工程師來說，程式語言的選擇甚至會左右往後的職涯。有鑑於此，下面就來針對人工智慧程設的初學者，介紹具代表性的人工智慧程式語言與其特徵。首先，我們先由下表來確認在選擇程式語言時應該注意哪些重點。

應該注意的重點

觀點	理由
人工智慧資料庫的充實度	資料庫（library）就像是內容齊全的「工具箱」，封裝了設計程式時常用的程式碼。缺少資料庫就得從零開始撰寫必要的程式，大幅增加作業量，所以選擇語言時需要重視資料庫的充實度。
學習的容易程度	對初學者來說，學習的容易程度是非常重要的要素。學習的容易程度除了語法簡單、容易理解，環境建構簡單性等導入難易度的高低也很重要。
網路社群的規模	在學習程式設計時，比撰寫程式更花費勞力的是修正程式錯誤的「除錯（debug）」。當程式未正常動作時，電腦會以「錯誤代碼（Error Code）」顯示原因，但初學者大多不曉得錯誤代碼代表什麼意思。此時，在該程式語言相關的網路社群中，能夠查詢到該代碼的意義。若是社群大的程式語言，經常僅需要檢索就能找到排除方式，對初學者而言是容易學習的環境。

主要的程式語言 ① Python

基於以上觀點，下面先來説明 **Python**。Python 是科學計算用程式語言，廣泛用於各個學術研究領域。在眾多的程式語言中，沒有比 Python 更適合初學者首次接觸的語言。Python 的特徵有以下幾點：

- **人工智慧的資料庫充足**

  Python 被用於全世界的學術研究，已經建立了各種領域的科學計算用資料庫，並且人工智慧資料庫也相當充實。

- **語法簡單容易學習**

  Python 是以易讀語言為目標所開發的語言。程式碼的數量少且必定使用「縮排」的語法規則，對初學者來說是相對容易閱讀的程式碼。

- **網路社群龐大**

  現今，Python 堪稱全世界最具潛力的熱門語言，網路社群內的討論非常活躍。

- **可邊編寫邊執行地嘗試錯誤**

  Python 不需要進行編譯（將編寫的程式碼轉譯為電腦容易處理的語言），這類語言稱為「直譯式語言（interpreted language）」。這對初學者來説是一大優點，不必每次都要編譯才能執行程式，有助於邊嘗試錯誤邊學習。

主要的程式語言 ② R 語言

R 語言是專門處理統計、資料分析的程式語言。當初僅用於大學、研究機關，但最近也廣泛受到資料分析工程師、一般企業使用。R 語言的特徵有以下幾點：

- **統計與人工智慧的資料庫充實**

R 語言被用於全世界的統計與人工智慧研究，已經有許多專門處理統計、人工智慧的資料庫。另外，資料分析時注重資料的可視化，R 語言具有能夠以簡單記述表達複雜圖表的資料庫。

- **可觸及最先進的演算法、知識技術**

在統計、人工智慧相關的最先進研究中，開發出來的演算法多是以 R 語言公開。另外，在 Kaggle 平台等的競賽，不少入圍前幾名的程式都是使用 R 語言編寫，所以瞭解 R 語言有助於吸收資料分析的知識技術。不過，R 語言的網路社群多為國外網站，幾乎沒有中文的情報資源，學習時必須閱讀英文的內容。

- **資料科學家的第一語言**

近年來，在從事大數據分析的職業中，**資料科學家（Data Scientist）**的人才需求急速攀升。在資料科學領域中，R 語言與 Python 並列為主要程式語言，目標成為資料科學家的工程師，學習 R 語言會是有力的選擇。

主要的程式語言 ③ Java

Java 是長期在世界各種程式語言人氣排行榜中名列前茅的語言。從 OS 到網站服務等，Java 用於各式各樣的用途。Java 的特徵有以下幾點：

• 不依存於平台

Java 最為優秀的地方是其通用性。使用一般的程式語言，得準備對應 Windows、macOS 等不同平台的程式。就這點來說，只要是支援 Java 的平台，就能開啟同一個的程式。換言之，使用 Java 程式設計，可開發出同時在 Windows PC、Android 智慧手機上執行的人工智慧。

• 與廣泛領域的連動合作

Java 廣泛用於 OS、網站服務、遊戲等領域，能夠讀取 Java 豐富的人工智慧資料庫，來開發多種多樣的內容。

• 網路社群龐大

Java 廣泛用於各種領域，很容易在網路或書籍上找到適合初學者的內容。

總結

- **建議從人工智慧資料庫、學習的容易程度、網路社群的規模等，來選擇程式語言。**
- **就此觀點來說，推薦初學者學習 Python，不過 R 語言、Java 也相當容易上手。**

48 機器學習用資料庫與框架

機器學習，一般是依照「取得資料」→「前處理」→「機器學習」的順序進行。在程式設計的實作上，我們將活用各領域現有的資料庫，有效率地編寫程式碼。

機器學習的程序與資料庫

機器學習的實作並非僅有編寫演算法的程式碼，資料操作、前處理的資料庫也很重要。我們需要配合資料形式，使用適當的資料操作、前處理資料庫。

■ 機器學習的步驟與資料庫

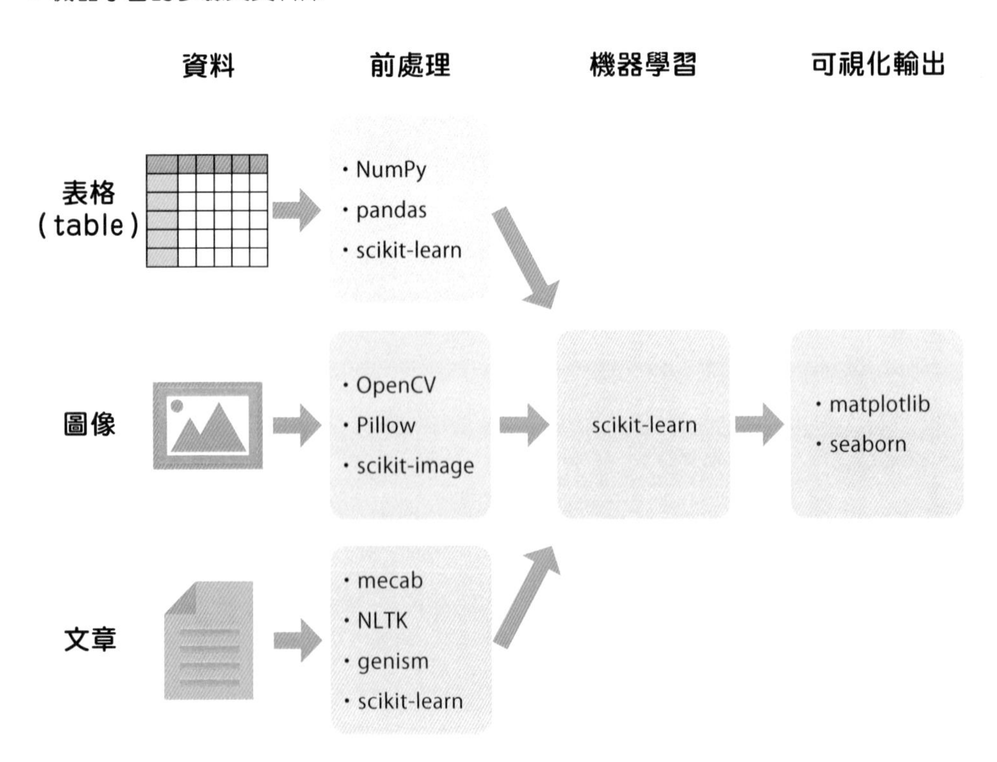

各種資料的機器學習資料庫

scikit-learn 是 Python 最為常用的機器學習資料庫，網羅「監督式學習（迴歸）」、「監督式學習（分類）」、「非監督式學習（集群分析）」、「維度縮減」等各式各樣的演算法，第 4 章介紹的基本機器學習演算法，大部分都可用 scikit-learn 來實作。官方網頁也有公開能夠一目了然資料庫內容的「**快捷選單（cheat sheet）**」（https://scikit-learn.org/stable/tutorial/machine_learning_map/index.html），根據問題點選對應的連結，就能瞭解適合的演算法。

scikit-learn

https://scikit-learn.org/stable/

輔助 Python 科學計算的「NumPy」、「pandas」

在程式設計中，會將資料儲存於「變數」進行各種處理，而一般的程式語言得使用科學計算來處理陣列（矩陣）資料，過程相當繁雜。然而，使用 Python 的話，就能相對有效率地處理這類運算，從資料的讀取到機器學習演算法的輸入，能夠簡潔地編寫程式。這是多虧 **NumPy**、**pandas** 等資料庫的高水準輔助，後面就來詳細講解。

NumPy是內建各種處理多維陣列機能的資料庫。除了單純的儲存資料之外，還能夠對資料進行線性代數、傅立葉變換（Fourier transform）、亂數生成等數學處理。相較於過往科學計算的C語言等程式語言，Python的運算速度緩慢，為了解決這項問題，NumPy是以C語言執行實際的運算，同時確保「Python程設的簡便性」與「C語言的高速性」。

而pandas是在相同的陣列操作中專門處理資料分析的資料庫，並輔助Microsoft Excel等各種表格形式的資料處理，比如讀取CSV、Excel形式的文檔資料、排列順序、填補遺漏值、統計處理等。它跟NumPy一樣以C語言執行重要的處理，確保其高速性。

◎ 文章資料的前處理使用「mecab」、「NLTK」

如前所述，在自然語言處理，需要對文章資料進行「構詞分析」（參見Section36）。構詞分析必須根據對象資料的語種，採取不一樣的處理。在Python的資料庫中，日文的構詞分析常用「**mecab**」、「janome」等；英文的構詞分析常用「**NLTK**」、「TREE TAGGER」等。

◎ 圖像資料的前處理使用「OpenCV」

OpenCV是能夠實作對電腦圖像、影片進行各種處理的資料庫。除了Python外，它也可以用於C++、Java等其他語言，是非常標準的資料庫。模糊、二值化、轉為灰階、擴大縮小、旋轉等基本操作不用說，還包括強調圖像輪廓的邊緣偵測、直方圖計算等功能，網羅用於輸入機器學習演算法的必要前處理。

OpenCV

邊緣偵測

資料來源：http://opencv.jp/opencv2-x-samples/image_binarize

直方圖計算

資料來源：http://opencv.jp/opencv2-x-samples/color_histogram

資料的可視化使用「matplotlib」

在機器學習中，為了確認取得的資料、預測分類的結果，需要將資料轉為容易閱讀的形式。Python 常會用 **matplotlib** 來可視化資料。從折線圖、長條圖等基本的圖表，到直方圖等統計圖表、可確認資料分布的 3D 散布圖等等，它都能夠將資料轉為各種表達形式。

matplotlib

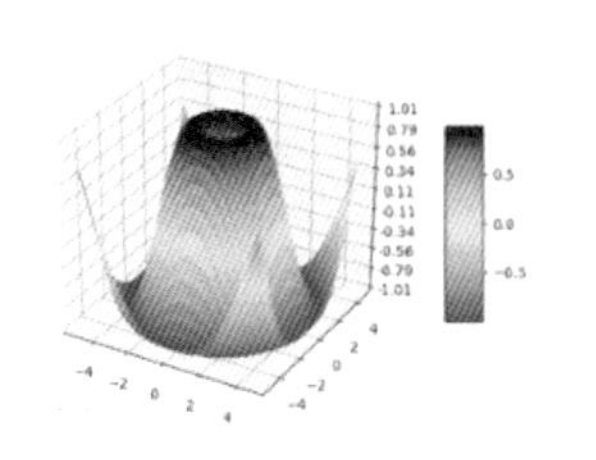

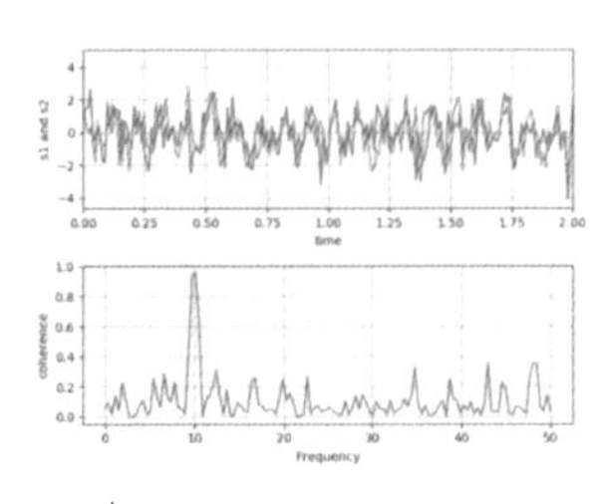

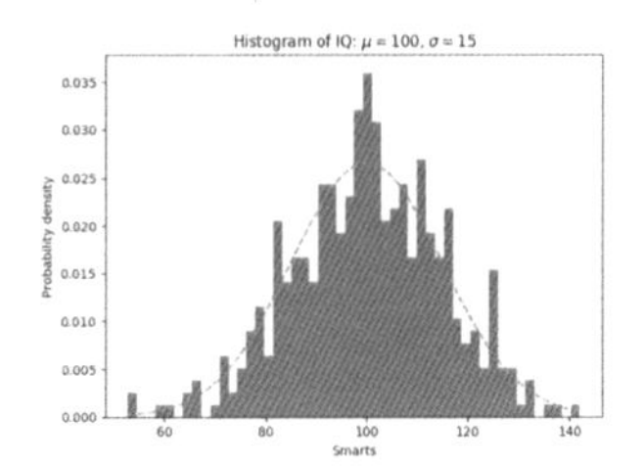

資料來源：https://matplotlib.org/gallery/index.html

總結 根據學習資料的種類使用不同的資料庫。

49 深度學習的框架

從零開始編寫深度學習一連串的程式碼，是相當繁雜的作業，但使用框架能夠簡化該過程。具代表性的框架有 TensorFlow、Keras、PyTorch 等。

深度學習的框架與運算圖

下圖是**框架**的一覽表與 2018 年時的分數，大部分的框架都是由運算圖來建構網路。所謂的運算圖，是指如下圖以頂點（node）表示運算處理、以分枝（edge）表示計算傳遞方式的圖形。此運算圖為 f =（a + b）（b + c），表達 a = 1、b = 3、c = 4 時的計算結果，使用框架能夠簡單構築這樣的運算圖。建構運算圖的方式可粗略分為兩種，一種是 **Define-and-Run**，先建構運算圖再進行計算；另一種是 **Define-by-Run**，每次計算都會建構運算圖，由於它能夠在計算途中靈活變更運算圖，所以適合想要根據資料數值變更運算處理的情況。

■ 框架的一覽表與 2018 年時的分數

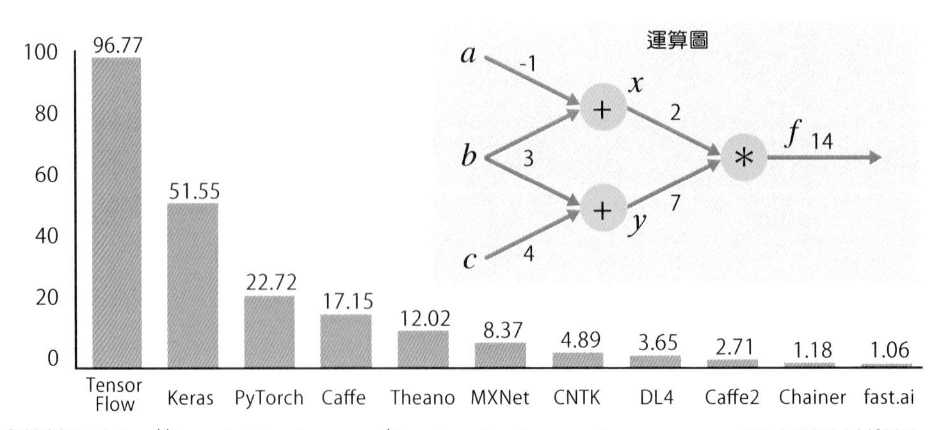

資料來源：https://towardsdatascience.com/deep-learning-framework-power-scores-2018-23607ddf297a

TensorFlow

在眾多的深度學習框架中，具有壓倒性人氣的是 Google 開發的 **TensorFlow**。由於使用者眾多，不論是在官方還是非官方網站，都能夠找到解説使用方法或是排除錯誤方式的文章。只要在瀏覽器上檢索錯誤訊息，就可立即找到排解方法，能夠讓人安心使用。

TensorFlow 內建可視化軟體 **TensorBoard**，除了能夠表達運算圖，還可將學習進展轉為容易理解的形式。另外，TensorFlow 也具有名為 TensorFlow Serving 的架構，能夠簡單地在伺服器上發布、管理學習完成的模型。

TensorFlow 的缺點是，由於是低階框架，因此程式碼容易變得繁雜。另一個缺點是，因採用 Define-and-Run 的方法，所以難以靈活建構運算網路，造成程式變得複雜。若讀者為初學者，建議使用 TensorFlow 的包裝器（Wrapper）Keras（參見 **P.221**）可能會比較好。另外，TensorFlow 2.0 預計採用 Define-by-Run 為主要方法，因此上述缺點應該會獲得改善。

TensorBoard

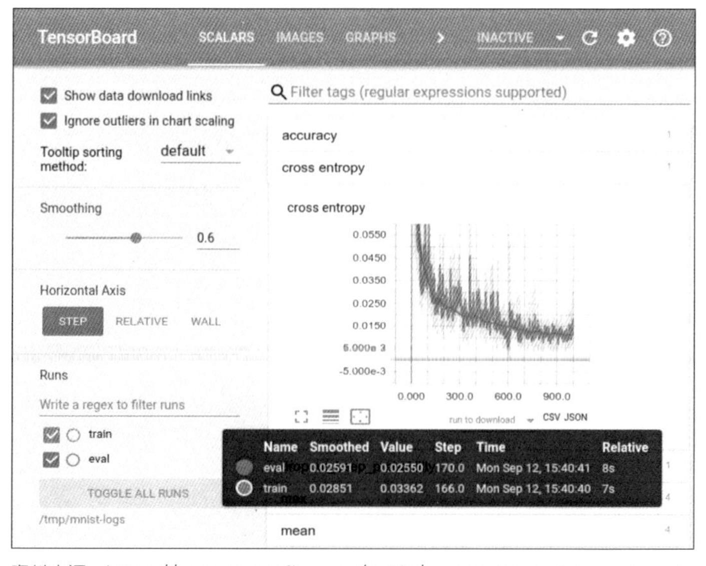

資料來源：https://www.tensorflow.org/guide/summaries_and_tensorboard

PyTorch

PyTorch 是 Facebook 開發的框架，堪稱性能媲美 TensorFlow。PyTorch 預設採取 Define-by-Run 方法，可動態生成運算圖進行靈活的運算。其他的優點還有依照所寫的程式碼運算數值，減輕記憶程式碼寫法的負擔，以及使用 pdb 等除錯工具直觀地除錯。順便一提，依程式編寫的困難度來排序是 TensorFlow > PyTorch > Keras。因此，若覺得 Keras 太簡單但又不想要啃艱難的 TensorFlow 程式碼，這邊推薦使用 PyTorch。

由於 PyTorch 沒有內建專門可視化的軟件，因此想要可視化時得使用外部工具，比如由 Facebook 發布對應 PyTorch 和 Numpy 的 Visdom，與在 PyTorch 中使用 TensorBoard 的 tensorboardX 等。

PyTorch 的缺點是發展歷史短，缺乏 TensorFlow 般的市佔率，難以檢索到可供參考的文章，找不到排除錯誤的辦法。但近年來，隨著市佔率的增加，這些問題也逐漸獲得解決。

以 PyTorch 和 TensorFlow 計算 1 + ½ + ¼ + …（= 2）

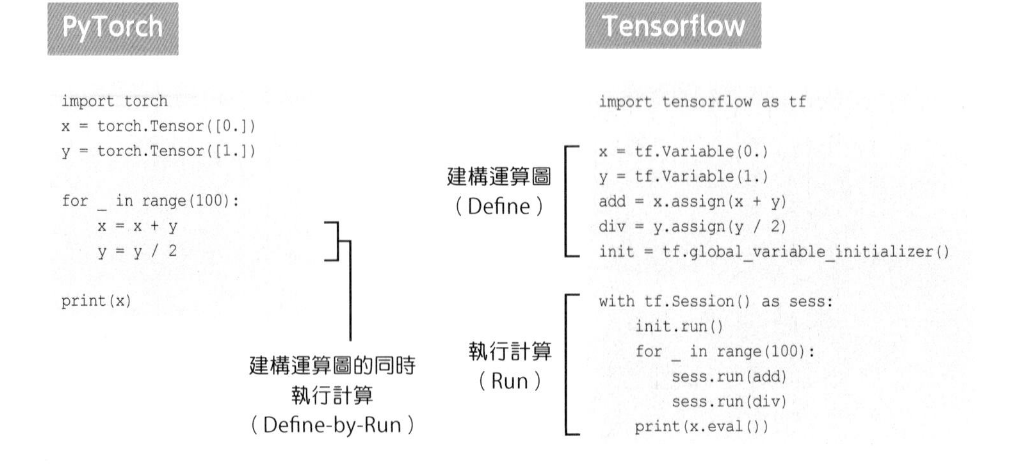

Keras

如前所述，TensorFlow 是業界標準的技術，但其程式碼的編寫繁雜而不適合初學者。有鑑於此，這邊推薦使用 **Keras**。Keras 能夠以非常簡單的程式碼建構模型來學習，但該學習本身是以 TensorFlow 進行。換言之，Keras 不是取代 TensorFlow，而是表面的運作為 Keras、內部的運作為 TensorFlow。由“封裝”TensorFlow 的意象來說，Keras 是 TensorFlow 的**包裝器**；並且因為它負責上位部分，所以說 Keras 屬於高階 API。另外，除了 TensorFlow 之外，Keras 的內部也可執行 Theano、CNTK 等框架。

Keras 對應的網路種類相當多，有時僅需數行就能完成基本的網路架構（TensorFlow 可能需要編寫數十行）。Keras 相較於直接使用 TensorFlow 的缺點是，缺乏模型建構的靈活性，但這項缺點與簡潔的程式碼記述彼此消長。以 Keras 掌握深度學習的訣竅後，再從 Keras 轉為直接使用 TensorFlow 編寫模型，說不定會是較好的方式。

Keras

TensorFlow

```
import tensorflow as tf
x = tf.placeholder(tf.float32, shape=[None, 784])
y_ = tf.placeholder(tf.float32, shape=[None,10])
W = tf.Variable(tf.zeros([784, 10]))
b = tf.Variable(tf.zeros([10]))

def weight_variable(shape):
    initial = tf.truncated_normal(shape, stddev=0.1)
    return tf.Variable(initial)

def bias_variable(shape):
    initial = tf.constant(0.1, shape=shape)
    return tf.Variable(initial)

def conv2d(x, W):
    return tf.nn.conv2d(x, W, strides=[1,1,1,1], padding='SAME')

W_conv1 = weight_variable([3,3,1,32])
b_conv1 = bias_variable([32])
x_image = tf.reshape(x, [-1, 28, 28, 1])
h_conv1 = tf.nn.relu(conv2d(x_image, W_conv1) + b_conv1)
```

Keras

```
import keras
from keras.models import Sequential
from keras.layers import Dense, Dropout, Activation, Flatten
from keras.layers import Conv2D, MaxPooling2D
model = Sequential()
model.add(Conv2D(32, (3, 3), padding='same',
                 input_shape=X_train.shape[1:]))
model.add(Activation('relu'))
model.add(Conv2D(32, (3, 3)))
model.add(Activation('relu'))
model.add(MaxPooling2D(pool_size=(2, 2)))
model.add(Dropout(0.25))
```

共通格式與其他框架

- **ONNX（Open Neural Network Exchange）**

由 Microsoft 和 Facebook 共同發表，不受框架限制表達學習模型的格式。採用 ONNX 格式後，可在 TensorFlow 上使用 PyTorch 的學習模型等，橫跨不同框架來利用。另外，它是可用 Caffe、Caffe2 Python、C++、MATLAB 等操作的格式，擅長圖像辨識的 CNN 學習，但不適合 RNN、語言模型的學習。後來由 Facebook 發展為 Caffe2，注重與 PyTorch 的連動合作。

- **Theano**

由蒙特利爾大學（University of Montreal）於 2007 年開發，最早用於深度學習的 Python 框架。由於官方已於 2017 年終止服務，最近不怎麼被使用。

- **MXNet**

Amazon 推薦用於 Amazon Web Service（AWS）的框架，特徵是能夠對應多種語言，不僅只是常見的 Python、C++，也能夠對應 R、MATLAB、Perl 等語言。平行處理時的速度比其他框架還要快（縮放規模）。

- **CNTK（Microsoft Cognitive Toolkit）**

Microsoft 開發用於 Skype、Xbox、Cortana 等的框架，特徵是能夠簡單連動 Microsoft 的雲端服務，擅長處理可變長度的輸入。據說在 Windows 上也很強大。

- **Sonnet**

TensorFlow 的另一種包裝器，跟 Keras 一樣能夠簡化編寫 TensorFlow 繁雜的程式碼，主要用於 Google 子公司 DeepMind 的研究開發。

- **DL4J（DeepLearning4J）**

用於 Java 和 Scala 的深度學習框架。在大規模系統，DL4J 擅長使用 Hadoop、Apache Spark 的分散處理。Java 在機器學習的世界裡屬於小眾語言，因此機器學習的資料庫並不充分。將學習模型組進 Android APP 裡頭，可能有助於以 Java 作成 Android APP。

- **Chainer**

日本的第一個框架，由 AI 新創企業 Preferred Networks 所開發。由於 PyTorch 是根據 Chainer 作成，操作方式與 PyTorch 類似。Define-by-Run 的思維也與 PyTorch 相同。

Chainer 的程式碼例子（多層感知器）

```
import chainer
import chainer.functions as F
import chainer.links as L

class MLP(chainer.Chain):

    def __init__(self, n_units, n_out):
        super(MLP, self).__init__()
        with self.init_scope():
            self.l1 = L.Linear(None, n_units)
            self.l2 = L.Linear(None, n_units)
            self.l3 = L.Linear(None, n_out)

    def forward(self, x):
        h1 = F.relu(self.l1(x))
        h2 = F.relu(self.l2(h1))
        return self.l3(h2)
```

- **fast.ai**

PyTorch 的包裝器。如同 TensorFlow 的 Keras，其運作 PyTorch 的程式碼編寫相對簡單。

具有代表性的框架有 TensorFlow、Keras、PyTorch 等。

50 GPU 程式設計與高速化

進行機器學習的過程中，一定會遇到運算時間的問題。根據電腦的規格、執行的任務，有時需要耗費數週的時間。在這節，我們來解說改善這項問題的 GPU（Graphics Processing Unit）等。

CPU、GPU、TPU

電腦是由各種零件所組成，當中扮演著大腦角色的是 **CPU（central processing unit）**。CPU 擅長逐項依序處理作業，但不擅長平行處理。機器學習大多得進行平行處理，所以經常會使用名為 **GPU（graphics processing unit）**的工具。由字頭的 graphics 可知，GPU 原本是用於遊戲等圖像描寫的工具。GPU 的特徵是逐項處理沒有比 CPU 快，但在平行處理則展現壓倒性的速度。為了能夠一次處理大量的資料，GPU 本身搭載了大容量的記憶體。隨著機器學習的熱潮興起，擅長平行處理的 GPU 自然跟著受到注目，如今成為機器學習上幾乎必備的工具。此外，最近也出現深度學習專用的硬體 **TPU（tensor processing unit）**。

使用 GPU 的時候，不必編寫跟平常不一樣的程式。在機器學習框架中，想讓 GPU 計算時，僅需要加上 1 行左右的程式碼就行了。但是，若想要更加優化 GPU 的機能，就得稍微花一些工夫才行。

高性能 GPU 的價格昂貴，增加記憶體的容量後，價格甚至會超過 100 萬日圓。有鑑於此，我們可考慮使用線上的虛擬環境，雖然有使用時間的限制，但有些環境能夠免費利用，比如著名的 **Google Colaboratory**、Kaggle 的 **Kernel 機能**。

順便一提，這類虛擬環境使用的 **NVIDIA Tesla K80**，在 NVIDIA 販售的 GPU 中屬於高階產品，能夠免費使用是其一大魅力。另外，機器學習會用到的資料庫、框架皆已安裝完畢，不需要自己建構環境，這對初學者來說也是很大的優點。

CPU、GPU、TPU 的規格比較

	核心數	時脈頻率	記憶體	價格	最大運算速度
CPU	4	4.2 GHz	無	約 5 萬日圓	5400 億次／秒
CPU	3584	1.6 GHz	11 GB	約 15 萬日圓	13.4 兆次／秒
TPU	5120 CUDA, 640 Tensor	1.5 GHz	12GB	約 30 萬日圓	112 兆次／秒

CPU：Intel Core i7-7700k、GPU:NVIDIA RTX 2080 Ti、TPU:NVIDIA TITAN V

另外，嚴格來說，NVIDIA TITAN V 不是 TPU。

資料來源：http://cs231n.stanford.edu/slides/2019/cs231n_2019_lecture06.pdf

CPU 與 GPU 的運算速度比較

模型	CPU/GPU	計算時間（毫秒）
VGG-16 （圖像辨識的記憶體）	Xeon E5-2630 v3 ／ GeForce GTX 1080Ti	128.14
	Xeon E5-2630 v3 ／ -	8495.48

上排是 CPU ＋ GPU、下排僅有 CPU，兩者使用相同的 CPU。

參見：https://github.com/jcjohnson/cnn-benchmarks

Google Colaboratory 與 Kaggle 的 Kernel 機能

環境	使用時間限制	CPU	記憶體
Google Colabtory	12 小時	NVIDIA Tesla K80	13GB
Kaggle Kernel	9 小時	NVIDIA Tesla K80	16GB

總結

- **機器學習需要能夠使用 GPU 的環境。**

51 機器學習服務

實際使用機器學習時，學習資料的大量蒐集、運算資源等會消耗龐大的成本。就這點來說，使用機器學習服務，能夠馬上獲得高準確率的結果。本節，我們將介紹國內外的機器學習服務。

何謂機器學習服務？

如前所述，機器學習需要對選定模型、調整超參數有一定程度的瞭解。另外，為了讓機器學輸出高準確率的預測結果，許多時候需要優質的大量資料。再則，遇到模型、處理資料量多等高運算負荷的情況，運算資源也顯得重要。為了減少這些所花費的勞力和成本，我們可以利用企業提供的**機器學習服務**。在機器學習服務中，能夠使用該企業已經學習完成的機器學習模型。除了這類型的機器學習服務之外，也有使用者僅需準備學習資料，學習、推測全部交由服務處理的類型，下面會針對前者進行解說。

一般來說，製作機器學習程式時，從資料蒐集到性能驗證等需要歷經幾項程序（參見 Section12）。其中最耗費勞力、成本的程序是，用來追求性能的「學習資料的蒐集」和「模型的學習」。利用機器學習服務的話，這兩點能夠交由服務進行，使用者僅需編寫由模型進行推測的程式就行了。推測程式基本上是由如右頁的四個程序所構成，利用機器學習服務時，圖中「模型的推測」的部分會使用各企業提供的 API 來呼叫服務。被呼叫出來的服務會從使用者的程式接收推測資料，再將結果通過 API 回傳至使用者的程式。

■ 可抑制使用者成本的機器學習服務

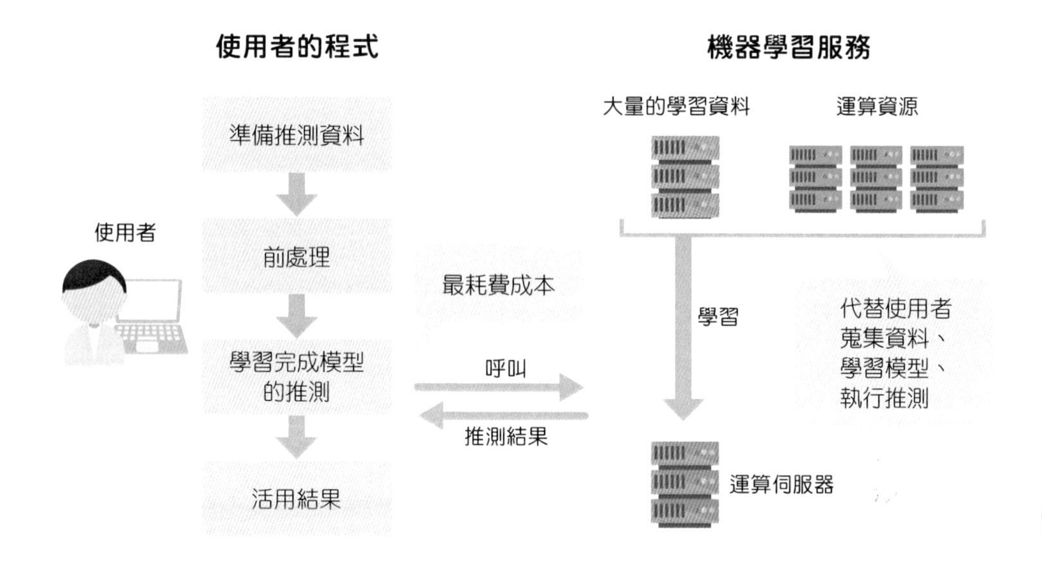

主要的機器學習服務

最後，我們來介紹機器學習服務的實際例子，具代表性的有 Google、Amazon、Microsoft、IBM 的機器學習服務。這些企業擁有大量的資料、豐富的運算資源，其模型的種類豐富、性能優異。另一方面，日本企業主要提供國外企業不足的日語 API。下表會列出日本企業 Yahoo!、goo 的服務與國外企業的服務，請好好研究其性能、收費體系等的差異，再決定利用哪種機器學習服務。

■ 日本企業的服務

Yahoo!	goo
日文構詞分析 假名漢字轉換 拼音標註 校正支援 日語依存句法分析 關鍵詞擷取 自然語言理解　等等	構詞分析 API 命名實體識別 API 平假名化 API 關鍵字擷取 API 時間資訊正規化 API 文本對相似度 API 槽值擷取 API　等等

■ 國外企業的服務

	Google (Google Cloud AI)	Amazon (Amazon Web Services)	Microsoft(Azure Cloud Cognitive Service)	IBM(IBM Watson)
圖像類	Cloud Video Intelligence API（影片分析） Cloud Vision API（圖像分析）	Amazon Rekognition（圖像與影片分析）	Computer Vision（圖像分析） Face（臉部分析） Video Indexer（影片分析） Content Moderator（內容過濾）	Visual Recognition（圖像辨識）
聲音類	Cloud Speech-to-Text（聲音辨識） Cloud Text-to-Speech（聲音合成）	Amazon Transcribe（聲音辨識） Amazon Polly（聲音合成） Amazon Lex（對話）	Speech to Text（聲音辨識） Text to Speech（聲音合成） Speaker Recognition（話者辨識） Speech Translation（翻譯）	Speech to Text（聲音辨識） Text to Speech（聲音合成）
語言類	Cloud Natural Language API（文本分析） Cloud Translation API（翻譯）	Amazon Textract（文本擷取）	Text Analytics（文本分析） Translator Text（翻譯） Q&A Maker（Q&A 擷取） Content Moderator（內容過濾） Language Understanding（語言理解）	Natural Language Understanding（文本分析） Language Translator（翻譯） Natural Language Classifier（文本分類） Personality Insights（性格分析） Tone Analyzer（情感分析）

總結

- 許多時候，使用企業提供的機器學習服務會比較有效率。

結語

現今機器學習的快速普及被稱為「第三次人工智慧熱潮」，出現許多預期熱潮將會迎來結束的評論。筆者我也思考了「第三次人工智慧熱潮」的結束，但這邊的結束並非意味「不再繼續使用」，而是廣泛滲透到社會當中，「宛若不存在般地自然融入其中」。

過去，電腦、資料通訊等「IT」技術問世時，僅為一部分專家的東西。然而，如今滲透至社會的各個角落，IT 儼然成為如同自來水、瓦斯、電力的「基礎建設」。當然，機器學習尚需好一段時間才能變成這般存在。然而，對透過本書觸及其根本的讀者來說，肯定能夠感受到機器學習成為基礎建設的潛力。

在 IT 成為基礎建設的現代，能否有效運用 IT 攸關個人、企業的業績。同樣地，在機器學習逐漸成為基礎建設的社會，如何善用機器學習將變得至關重要，而且這跟你是否為 AI 工程師沒有太大的關係。能夠正確理解機器學習的特性、最大限度活用這項工具的人，將會在今後的時代裡虎虎生風。

另外，若不僅只將機器學習當成工具，想要更加深入瞭解的話，則建議學習線性代數等基礎學問。機器學習是成長快速的領域，避免不了閱讀專業文獻來瞭解最先進的研究，但世界各地日新月異的演算法所帶來的趣味，肯定能減少學習基礎的枯燥感。

期望本書能夠幫助到今後將生活於機器學習時代的讀者。

山口 達輝

参考文献

- 『人工知能は人間を超えるか』松尾豊（著）KADOKAWA（2015）
- 『人工知能とは』松尾 豊（著, 編集）、中島 秀之（著）、西田 豊明（著）、溝口 理一郎（著）、長尾 真（著）、堀 浩一（著）、浅田 稔（著）、松原 仁（著）、武田 英明（著）、池上 高志（著）、山口 高平（著）、山川 宏（著）、栗原 聡（著）、人工知能学会（監修）（2016）
- 『イラストで学ぶ 人工知能概論』谷口忠大（著）講談社（2014）
- 『いちばんやさしい人工知能ビジネスの教本 AI・機械学習の事業化（「いちばんやさしい教本』二木康晴（著）、塩野 誠（著）インプレス（2017）
- 『人工知能: AIの基礎から知的探索へ』趙強福（著）、樋口龍雄（著）共立出版（2017）
- 『あたらしい人工知能の教科書／サービス開発に必要な基礎知識』多田智史（著）翔泳社（2016）
- 『人工知能の哲学』松田雄馬（著）東海大学出版会（2017）本位田真一ほか
- 『IT Text 人工知能（改訂2版）』松本 一教（著）、宮原 哲浩（著）、永井 保夫（著）、市瀬 龍太郎（著）オーム社（2016）
- 『Large Scale Visual Recognition Challenge 2012』（http://image-net.org/challenges/LSVRC/2012/ilsvrc2012.pdf）
- 『Building High-level Features Using Large Scale Unsupervised Learning』（https://arxiv.org/pdf/1112.6209.pdf）
- 『ビッグデータと人工知能-可能性と罠を見極める』西垣 通（著）　中公新書（2016）
- 『芝麻信用』（http://www.xin.xin/#/detail/1-0-0）
- 『MLPシリーズ画像認識』原田 達也（著）　講談社（2017）
- 『ゼロから作るDeep Learningゼロから作るDeep Lerning 』斎藤 康毅（著）オライリー Japan（2016）
- 『知識のサラダボウル（ロジスティック回帰分析）』（https://omedstu.jimdo.com/2018/09/16/%E3%83%AD%E3%82%B8%E3%82%B9%E3%83%86%E3%82%A3%E3%83%83%E3%82%AF%E5%9B%9E%E5%B8%B0%E5%88%86%E6%9E%90/）
- 「統計学入門」東京大学出版会 東京大学教養学部統計学教室（編）（1991）
- 『Iris Data Set』（https://archive.ics.uci.edu/ml/datasets/iris）
- 『Hands-On Machine Learning with Scikit-Learn and TensorFlow』Aurelien Geron（著）O'Reilly Media（2017）
- 『Python機械学習プログラミング』Sebastian Raschka,（著）Vahid Mirjalili（著）
- 『アサインナビ データサイエンティストのお仕事とは？　第9回決定木編』（https://assign-navi.jp/magazine/consultant/c41.html）
- 『開発者ブログ　第10回 決定木とランダムフォレストで競馬予測』（https://alphaimpact.jp/2017/03/30/decision-tree/）

- 『環境と品質のためのデータサイエンス　特徴量エンジニアリング』（http://data-science.tokyo/ed/edj1-5-3.html）
- 『WEB ARCH LABO MNIST データの仕様を理解しよう』（https://weblabo.oscasierra.net/python/ai-mnist-data-detail.html）
- 『scikit-learn Dataset loading utilities』（https://scikit-learn.org/stable/datasets/index.html#toy-datasets）
- 『Pcon-AI　機械学習って？』（https://pconbt.jp/mllanding/）
- 『クラスタリングとレコメンデーション資料』堅田 洋資（https://www.slideshare.net/ssuserb5817c/ss-70472536）
- 「てっく煮ブログ クラスタリングの定番アルゴリズム「K-means法」をビジュアライズしてみた」（http://tech.nitoyon.com/ja/blog/2009/04/09/kmeans-visualise/）
- 「engadget Watch AlphaGo vs. Lee Sedol（update: AlphaGo won）」（https://www.engadget.com/2016/03/12/watch-alphago-vs-lee-sedol-round-3-live-right-now/?guccounter=1&guce_referrer=aHR0cDovL2Jsb2cuYnJhaW5wYWQuY28uanAvZW50cnkvMjAxNy8wMi8yNC8xMjE1MDA&guce_referrer_sig=AQAAADMUSPSO3nlwpWnXrTa6NoN7BWck4_cnL4w-OFL-L9ahMyFHMZVgiz6R-HVcHlla4FCteCPLYeXaoQ7VDTK3R4n3phVg5Ztg7Pt_unVFCrtuK9Sl-_EkLhsl3s_Ne8NfaGP54lduAhpQ_go7ohrQQKsG2yB0_yJDBPTzroPk_gO8）
- 『Sideswipe 強化学習』（http://kazoo04.hatenablog.com/entry/agi-ac-14）
- 『東芝デジタルソリューションズ株式会社 ディープラーニング技術：深層強化学習』（https://www.toshiba-sol.co.jp/tech/sat/case/1804_1.htm）
- 『Gym classic control』（https://gym.openai.com/envs/#classic_control）
- 『六本木で働くデータサイエンティストのブログ「統計学と機械学習の違い」はどう論じたら良いのか』（https://tjo.hatenablog.com/entry/2015/09/17/190000）
- 『年齢別　都市階級別　設置者別　身長・体重の平均値及び標準偏差』（https://www.e-stat.go.jp/stat-search/file-download?statInfId=000031685238&fileKind=0）
- 「結局、機械学習と統計学は何が違うのか？」西田 勘一郎（https://qiita.com/KanNishida/items/8ab8553b17cb57e772d）
- 「人工知能の歴史」（https://www.ai-gakkai.or.jp/whatsai/AIhistory.html）
- 『自動運転LAB.【最新版】自動運転車の実現はいつから？世界・日本の主要メーカーの展望に迫る』（https://jidounten-lab.com/y_1314）
- 『IEEE SPECTRUM Pittsburgh's AI Traffic Signals Will Make Driving Less Boring』（https://spectrum.ieee.org/cars-that-think/robotics/artificial-intelligence/pittsburgh-smart-traffic-signals-will-make-driving-less-boring）
- 『人工知能とビッグデータの金融業への活用』（https://www.nomuraholdings.com/jp/services/zaikai/journal/pdf/p_201701_02.pdf）
- 『デジタルイノベーション　金融分野におけるAI活用』（https://www.nri.com/-/media/Corporate/jp/Files/PDF/knowledge/publication/kinyu_itf/2018/08/itf_201808_7.pdf）

- 『PR TIMES 「Scibids」（AI（機械学習）を用いたアルゴリズムによるDSP広告自動運用最適化ソリューション）の日本パートナー企業としてアドフレックスがサービス提供開始』（https://prtimes.jp/main/html/rd/p/000000029.000016900.html）
- 『ITソリューション塾 【図解】コレ１枚で分かるルールベースと機械学習』（https://blogs.itmedia.co.jp/itsolutionjuku/2016/10/post_308.html）
- 『仕事で始める機械学習』有賀 康顕（著）、中山 心太（著）、西林 孝（著）オライリージャパン（2018）
- 『keywalker Webスクレイピングとは』（https://www.keywalker.co.jp/web-crawler/web-scraping.html）
- 『WebAPIについての説明』@busyoumono99（https://qiita.com/busyoumono99/items/9b5ffd35dd521bafce47）
- 『Pythonによるスクレイピング＆機械学習 開発テクニック』クジラ飛行机（著）ソシム（2016）
- 『Pythonによるクローラー＆スクレイピング入門 設計・開発から収集データの解析まで』加藤 勝也（著）、横山 裕季（著）翔泳社（2017）
- 『Instruction of chemoinformatics　精度評価指標と回帰モデルの評価』（https://funatsu-lab.github.io/open-course-ware/basic-theory/accuracy-index/）
- 『統計WEB 決定係数と重相関係数』（https://bellcurve.jp/statistics/course/9706.html）
- 『算数から高度な数学まで、網羅的に解説したサイト　いろいろな誤差の意味（RMSE、MAEなど）』（https://mathwords.net/rmsemae）
- 『ベイズ的最適化（Bayesian Optimization）の入門とその応用』issei_sato（https://www.slideshare.net/issei_sato/bayesian-optimization）
- 『能動学習セミナー』大岩秀和（https://www.slideshare.net/pfi/20120105-pfi）
- 『DataCamp Active Learning: Curious AI Algorithms』（https://www.datacamp.com/community/tutorials/active-learning）
- 『An Introduction to Probabilistic Programming』（https://arxiv.org/pdf/1809.10756.pdf）
- 『PYMC3 Lets look at what the classifier has learned』（https://docs.pymc.io/notebooks/bayesian_neural_network_advi.html）
- 『徹底研究! 情報処理試験　相関係数，正の相関，負の相関』（http://mt-net.vis.ne.jp/ADFE_mail/0208.html）
- 「東洋経済Plus 経済学で進むフィールド実験」伊藤 公一朗（https://premium.toyokeizai.net/articles/-/16901）
- 『データ分析の力　因果関係に迫る思考法』伊藤公一朗（著）岩波データサイエンス Vol. 3（2017）
- 『hidden technical debt in machine learning systems』（https://papers.nips.cc/paper/5656-hidden-technical-debt-in-machine-learning-systems.pdf）
- 『hidden technical debt in machine learning systems』（https://storage.googleapis.com/pub-tools-public-publication-data/pdf/43146.pdf）
- 『Deep Sequence Modeling MIT 6.S191』（http://introtodeeplearning.com/materials/2019_6S191_L2.pdf）
- 『MIT Deep Learning Basics: Introduction and Overview』Lex Fridman（https://www.youtube.com/watch?v=O5xeyoRL95U&list=PLrAXtmErZgOeiKm4sgNOknGvNjby9efdf）

- 『Deep Learning Basics』(https://www.dropbox.com/s/c0g3sc1shi63x3q/deep_learning_basics.pdf?dl=0)
- 『OpenAI A non-exhaustive, but useful taxonomy of algorithms in modern RL.』(https://spinningup.openai.com/en/latest/spinningup/rl_intro2.html)
- 『Introduction to Deep Reinforcement Learning』(https://www.dropbox.com/s/wekmlv45omd266o/deep_rl_intro.pdf?dl=0)
- 『Actor-Critic Algorithms』(http://rail.eecs.berkeley.edu/deeprlcourse/static/slides/lec-6.pdf)
- 『MIT 6.S091: Introduction to Deep Reinforcement Learning (Deep RL)』Lex Fridman (https://www.youtube.com/watch?v=zR11FLZ-O9M&list=PLrAXtmErZgOeiKm4sgNOknGvNjby9efdf)
- 『MIT 6.S191: Deep Reinforcement Learning』Alexander Amini (https://www.youtube.com/watch?v=i6Mi2_QM3rA&list=PLtBw6njQRU-rwp5__7C0oIVt26ZgjG9NI)
- 『introduction to autoencoders.』(https://www.jeremyjordan.me/autoencoders/)
- 『ResearchGate Fig 1- uploaded by Xifeng Guo』(https://blog.sicara.com/keras-tutorial-content-based-image-retrieval-convolutional-denoising-autoencoder-dc91450cc511)
- 『機械学習スタートアップシリーズ これならわかる深層学習入門』瀧雅人(著)講談社サイエンティフィク(2017)
- 『Towards Data Science Generative Adversarial Networks (GANs) — A Beginner's Guide』
- (https://towardsdatascience.com/generative-adversarial-networks-gans-a-beginners-guide-5b38eceece24)
- 『UNSUPERVISED REPRESENTATION LEARNING WITH DEEP CONVOLUTIONAL GENERATIVE ADVERSARIAL NETWORKS』(https://arxiv.org/pdf/1511.06434.pdf)
- 「物体検出の歴史まとめ」@mshinoda88 (https://qiita.com/mshinoda88/items/9770ee671ea27f2c81a9)
- 『Object detection: speed and accuracy comparison (Faster R-CNN, R-FCN, SSD, FPN, RetinaNet and YOLOv3)』Jonathan Hui (https://medium.com/@jonathan_hui/object-detection-speed-and-accuracy-comparison-faster-r-cnn-r-fcn-ssd-and-yolo-5425656ae359)
- 『DeepClusterでお前をクラスタリングしてやれなかった』ぺすちん (http://pesuchin.hatenablog.com/entry/2018/12/18/092150)
- 『Cornell University Deep Clustering for Unsupervised Learning of Visual Features』(https://arxiv.org/abs/1807.05520)
- 『RankRed 8 Best Artificial Intelligence Programming Language in 2019』(https://www.rankred.com/best-artificial-intelligence-programming-language/)
- 『TIOBE Index for July 2019　July Headline: Perl is one of the victims of Python's hype』(https://www.tiobe.com/tiobe-index/)
- 『scikit-learn Choosing the right estimator』(https://scikit-learn.org/stable/tutorial/machine_learning_map/index.html)
- 『Deep Learning Frameworks 2019』Siral Raval (https://www.youtube.com/watch?v=SJldOOs4vB8)

- 『Towards Data Science And here's the pretty chart again showing the final power scores.』（https://towardsdatascience.com/deep-learning-framework-power-scores-2018-23607ddf297a）
- 『Medium Breaking down Neural Networks: An intuitive approach to Backpropagation Computational graph for the example f=（a+b）（b+c）with a = -1, b = 3 and c = 4.』（https://medium.com/spidernitt/breaking-down-neural-networks-an-intuitive-approach-to-backpropagation-3b2ff958794c）
- 『TensorFlow TensorBoard: Visualizing Learning』（https://www.tensorflow.org/guide/summaries_and_tensorboard）
- 『TensorFlow 2.0 Changes』Aurélien Géron（https://www.youtube.com/watch?v=WTNH0tcscqo）
- 『TensorFlow TensorFlowを使ってみる』（https://www.tensorflow.org/get_started/mnist/pros）
- 『Deep MNIST for Experts Build a Multilayer Convolutional Network』（https://web.archive.org/web/20171119014758/https://www.tensorflow.org/get_started/mnist/pros）
- 『GitHub keras/examples/mnist_cnn.py』（https://github.com/keras-team/keras/blob/master/examples/mnist_cnn.py）
- 「Microsoft Azure ONNX と Azure Machine Learning:ML モデルの作成と能率化」（https://docs.microsoft.com/ja-jp/azure/machine-learning/service/concept-onnx）
- 『GitHub chainer/examples/mnist/train_mnist.py』（https://github.com/chainer/chainer/blob/master/examples/mnist/train_mnist.py）
- 「CUDA高速GPUプログラミング入門」岡田賢治（著）秀和システム（2010）
- 『Yahoo!デベロッパーネットワーク　Yahoo! JAPANが提供するテキスト解析WebAPI』（https://developer.yahoo.co.jp/webapi/jlp/）
- 『gooラボ　API』（https://labs.goo.ne.jp/api/）
- 『docomo Developer support API』（https://dev.smt.docomo.ne.jp/?p=docs.api.index）
- 『リクルート TalkAPI DEMO』（https://a3rt.recruit-tech.co.jp/）
- 『Google Cloud AI と機械学習のプロダクト』（https://cloud.google.com/products/ai/）
- 『aws AIサービス』（https://aws.amazon.com/jp/machine-learning/ai-services/）
- 『Microsoft Azure Cognitive Services』（https://azure.microsoft.com/ja-jp/services/cognitive-services/）
- 『IBM Watoson 今すぐ使えるWatson API ／サービス一覧』（https://www.ibm.com/watson/jp-ja/developercloud/services-catalog.html）
- 『scikit-learn 1.1. Generalized Linear Models』（https://scikit-learn.org/stable/modules/linear_model.html）
- 『Analytics Vidhya This can be verified by looking at the plots generated for 6 models/ This would generate the following plot』（https://www.analyticsvidhya.com/blog/2016/01/complete-tutorial-ridge-lasso-regression-python/）
- 『Rで学ぶロバスト推定』@sfchaos（https://www.slideshare.net/sfchaos/r-7773031）

- 『Robotics - 4.3.3 - RANSAC - Random Sample Consensus I』Bob Trenwith
 (https://www.youtube.com/watch?v=BpOKB3OzQBQ)
- 『Support Vector Machines for Classification These instances are called the support vectors. The distance between the edges of "the street" is called margin./ It is quite sensitive to outliers.』
 (https://mubaris.com/posts/svm/)
- 『ResearchGate Predicting Top-of-Atmosphere Thermal Radiance Using MERRA-2 Atmospheric Data with Deep Learning』
 (https://www.researchgate.net/publication/320916953_Predicting_Top-of-Atmosphere_Thermal_Radiance_Using_MERRA-2_Atmospheric_Data_with_Deep_Learning/figures?lo=1Figure 5)
- 『コンサルでデータサイエンティスト　One class SVM による外れ値検知についてまとめた』hktech
 (http://hktech.hatenablog.com/entry/2018/10/11/235312)
- 『scikit-learn The advantages of support vector machines are:』
 (https://scikit-learn.org/stable/modules/svm.html#svm-classification)
- 『scikit-learn Classification』(https://scikit-learn.org/stable/modules/svm.html#svm-classification)
- 『情報意味論（4）決定木と過学習　Reduced-Error Pruning』櫻井彰人
 (http://www.sakurai.comp.ae.keio.ac.jp/classes/infosem-class/2004/04DTandOverFitting.pdf)
- 『Quora What is the interpretation and intuitive explanation of Gini impurity in decision trees?』
 (https://www.quora.com/What-is-the-interpretation-and-intuitive-explanation-of-Gini-impurity-in-decision-trees)
- 『アンサンブル学習（Ensemble learning）とバスケット分析（basket analysis）』@nirperm
 (https://qiita.com/nirperm/items/318d7e210c059373f8d2)
- 『Medium Figure 3 Bagging』
 (https://medium.com/better-programming/how-to-develop-a-robust-algorithm-c38e08f32201)
- 『Medium Understanding AdaBoost』
 (https://towardsdatascience.com/understanding-adaboost-2f94f22d5bfe)
- 『Medium Random Forest Simple Explanation』
 (https://medium.com/@williamkoehrsen/random-forest-simple-explanation-377895a60d2d)
- 『Medium So if we train a Random Forest Classifier on these predictions of LR,SVM,KNN we get better results.』
 (https://medium.com/@gurucharan_33981/stacking-a-super-learning-technique-dbed06b1156d)
- 『Wikimedia Commons　File:Neuron Hand-tuned.svg』
 (https://commons.wikimedia.org/wiki/File:Neuron_Hand-tuned.svg)
- 『Restricted Boltzmann Machine（RBM）, Deep Belief Network（Hinton, 2006）』
 (http://www.vision.is.tohoku.ac.jp/files/9313/6601/7876/CVIM_tutorial_deep_learning.pdf)
- 『FAST AND ACCURATE DEEP NETWORK LEARNING BY EXPONENTIAL LINEAR UNITS（ELUS）　Figure 1』
 (https://arxiv.org/pdf/1511.07289.pdf)
- 「TesorFlow」(https://playground.tensorflow.org/)
- 『Google Cloud 機械学習のワークフロー』
 (https://cloud.google.com/ml-engine/docs/tensorflow/ml-solutions-overview?hl=ja)

索引 Index

符號、字母

2 劃

3 劃

4 劃

5 劃

6 劃

7 劃

8 劃

9 劃

10 劃

11 劃

12 劃

13 劃

14 劃

15 劃

16 劃

17 劃

18 劃

19 劃

22 劃

23 劃

25 劃

自 序

本人自大學畢業服完義務兵役後，即前往日本研究商法，授業於日本商法大師倉澤康一郎教授門下。留日期間，共達十六載有半，其中對於恩師倉澤康一郎教授「嚴謹、細膩」之為學態度，感動不已，對於日本學界吸收外國法規時去蕪存菁之消化過程，印象極為深刻。在日本，「商法合同演習」係以公司法、票據法、海商法、保險法作為共同研究之對象，因此本人之專攻領域，雖以海商法為主，公司法為輔，但十餘年參與「商法合同演習」，長期耳濡目染之結果，對於保險法、票據法之問題，亦難免日久生情而有所感觸矣！本書中本人所提出之個人淺見，大多成形於當時「商法合同演習」之訓練。

本書係以我國現行票據法規作為論述對象，且於書後附有各種票據之樣式。至於有關票據法之爭議問題，本書大多附有各家學說、實務界見解及本人之淺見，並於其中擬設實例演習，詳加解說，以祈初學者得以練習思考，藉此建立票據法基本之概念。惜乎筆者才疏學淺，掛漏謬誤之處在所難免。尚祈各方賢達，不吝賜正，至感幸甚！

林 群 弼 謹識

序於國立臺灣大學法律學院